建筑工程造价新旧两种模式实例详解

第 2 版

褚振文　著

机 械 工 业 出 版 社

本书是一实际六层商住楼工程造价新旧两种模式实例详解。上篇是工程量清单计价招标投标编制实例，内容包括土建与水电安装方面的工程量清单、工程量清单计价、工程量报价和工程量的计算过程等内容。工程量计算有详细过程和文字注解。下篇是用预算定额编制的工程造价实例，内容包括土建与水电安装方面的工程造价与工程量的计算过程等内容。

本书完全和实际工程情况一样，能让读者很快掌握做新旧两种模式工程造价的实际基本技能，达到事半功倍的效果。

本书可供建筑工程技术人员和建筑类大专院校学生参考。

图书在版编目（CIP）数据

建筑工程造价新旧两种模式实例详解/褚振文著. —2 版. —北京：机械工业出版社，2013.1
ISBN 978-7-111-40970-0

Ⅰ. ①建…　Ⅱ. ①褚…　Ⅲ. ①建筑工程-工程造价　Ⅳ. ①TU723.3

中国版本图书馆 CIP 数据核字（2012）第 311893 号

机械工业出版社（北京市百万庄大街 22 号　邮政编码 100037）
策划编辑：闫云霞　责任编辑：闫云霞　版式设计：霍永明
责任校对：陈延翔　封面设计：马精明　责任印制：张　楠
北京振兴源印务有限公司印刷
2013 年 2 月第 2 版第 1 次印刷
370mm×260mm · 14 印张 · 340 千字
标准书号：ISBN 978-7-111-40970-0
定价：29.80 元

凡购本书，如有缺页、倒页、脱页，由本社发行部调换
电话服务　　　　　　　　网络服务
社服务中心：（010）88361066　教 材 网：http://www.cmpedu.com
销 售 一 部：（010）68326294　机工官网：http://www.cmpbook.com
销 售 二 部：（010）88379649　机工官博：http://weibo.com/cmp1952
读者购书热线：（010）88379203　**封面无防伪标均为盗版**

再 版 前 言

我国目前建筑工程造价新规范与预算定额都在同时使用，为了方便广大读者对这两种模式的造价进行学习，特编写了这本书。

本书上篇是根据我国最新颁布实施的国家标准《建设工程工程量清单计价规范》（GB 50500—2008）的规定，选用某实际商住楼施工图编制的招标投标标底案例。下篇是根据某省预算定额编制的某实际商住楼施工图造价案例。

本书具有以下特点：

1. 没有繁琐的理论，完全和实际工程情况一样。

2. 工程量的计算有详细计算过程和文字解释，条理清晰，易学易懂。使读者在学习中有身临"实战"的感觉，同时又像有个熟练的工程师在手把手地教读者编制工程造价。

3. 本书施工图底层是框架剪力墙结构，2～6层是砖混结构，其结构具有代表性。

4. 本书采用的规范是我国最新颁布实施的国家标准《建设工程工程量清单计价规范》（GB 50500—2008），定额是目前正在使用的最新定额。

本书可作为建设方编制招标文件及招标标底的参考书，也可作为工程预（决）算人员编制工程量计价与报价用书，还可作为初学工程造价人员及建筑类大专院校学生学习用书。

由于编者水平有限，时间仓促，书中错误之处在所难免，望广大读者见谅，并请斧正。

褚振文

目 录

上篇

工程量清单计价模式

第1章 某商住楼施工图
工程量清单（招标）实例

1.1 建筑工程工程量清单编制

（封面）

××商住楼建筑工程工程量清单

工程造价　××工程造价咨询企业

招　标　人：　××厅　　　　咨　询　人：　资质专用章
　　（单位盖章）　　　　　　（单位资质专用章）

法定代表人　××厅　　　　法定代表人　××工程造价咨询企业
或其授权人：法定代表人　　或其授权人：法定代表人
　　（签字或盖章）　　　　　（签字或盖章）

编　制　人：××签字　　　复　核　人：××签字
　（造价员签字盖专用章）　　（造价工程师签字盖专用章）

编制时间：×××年×月×日　复核时间：×××年×月×日

1.2 工程量清单总说明

工程名称：××商住楼

---

1. 工程概况：本工程建筑面积为2683m²，底层是商场，2~6为住宅。地上6层，底层是框架剪力墙结构，2~6层是砖混结构，建筑高度20.90m，基础是钢筋混凝土独立基础。

2. 招标范围：土建工程、装饰工程、电气工程、给水、排水工程。

3. 工程质量要求：优良工程。

4. 工程量清单编制依据：

4.1 建筑设计院设计的施工图一套。

4.2 ××单位编制的招标文件及招标答疑。

4.3 工程量清单计量根据《建设工程工程量清单计价规范》（GB 50500—2008）编制。

1.3 土建工程

1.3.1 土建工程分部（分项）工程工程量清单

土建工程分部（分项）工程工程量清单见表1-1。

表1-1　土建工程分部（分项）工程工程量清单

工程名称：××商住楼

序号	项目编码	项目名称	计量单位	工程数量
		A.1　　　土方工程		
1	010101001001	平整场地 1. 三类土，土方挖填找平 2. 弃土5m	m²	443.61
2	010101003001	挖基础土方 1. 三类土，深2.0m 2. 弃土20m 3. 基底钎探	m³	973.35
3	010103001001	土方回填 就地回填，夯实	m³	897.87
		小计		
		A.3　　　砌筑工程		
4	010302001001	底层空心砖墙 空心砖，MU10，120厚，M5混合砂浆	m³	3.66
5	010302001002	底层空心砖墙 实心砖，MU10，240厚，M5混合砂浆	m³	22.79
6	010304001001	二层至屋顶空心砖墙 MU10，240厚，M5混合砂浆	m³	594.53
7	010302006001	台阶 MU10，M5水泥砂浆	m³	16.70
8	010302006002	蹲台 MU10，M5水泥砂浆	m³	0.86
9	010303003001	砖窨井 1. 600×600×1000，实心砖，M7.5水泥砂浆 2. C25混凝土垫层，碎石粒径40mm	座	15
10	010303003002	水表井 1. 600×400×1000，实心砖，M7.5水泥砂浆 2. C25混凝土垫层，碎石粒径40mm	座	2

工程名称：××商住楼　　　　　　　　　　　　　　　　（续）

序号	项目编码	项目名称	计量单位	工程数量
11	010303003003	阀门井 1. 实心砖，M7.5水泥砂浆 2. C25混凝土垫层，碎石粒径40mm	座	6
12	010303004001	6#化粪池 1. 容积12.29m³，实心砖，M7.5水泥砂浆 2. C25混凝土垫层，碎石粒径40mm	座	1
		小计		
		A.4　　　混凝土及钢筋混凝土工程		
13	010401001001	带形基础 1. C10素混凝土垫层 2. C30现浇钢筋混凝土，碎石粒径40mm	m³	15.16
14	010401002001	独立基础 1. 10素混凝土垫层 2. C30现浇钢筋混凝土，碎石粒径40mm	m³	37.06
15	010403001001	基础梁 C30现浇钢筋混凝土，碎石粒径40mm	m³	7.78
16	010403001002	框架梁 C30现浇钢筋混凝土，碎石粒径40mm	m³	42.57
17	010402001001	框架柱 C30现浇钢筋混凝土，400×400，高3.6m，碎石粒径40mm	m³	40.87
18	010402001002	构造柱 C20现浇钢筋混凝土，碎石粒径40mm	m³	59.65
19	010403005001	圈梁 C20现浇钢筋混凝土，碎石粒径40mm	m³	83.12
20	010403005002	过梁 C20现浇钢筋混凝土，碎石粒径40mm	m³	16.38
21	010404001001	剪力墙 C30现浇钢筋混凝土，厚200～240mm，碎石粒径40mm	m³	36.71
22	010405002001	无梁板 C20现浇钢筋混凝土，碎石粒径40mm	m³	2066.81

序号	项目编码	项目名称	计量单位	工程数量
23	010405001001	有梁板 C20 现浇钢筋混凝土，碎石粒径 40mm	m³	47.14
24	010405006001	栏板 1. 阳台栏板，C20 现浇钢筋混凝土，碎石粒径 40mm 2. 女儿墙栏板，C20 现浇钢筋混凝土，碎石粒径 40mm	m³	328.27
25	010406001001	楼梯 C20 现浇钢筋混凝土，碎石粒径 40mm	m²	45.36
26	010407002001	散水 1. C20 现浇钢筋混凝土，碎石粒径 40mm 2. C10 素混凝土垫层，碎石粒径 40mm	m²	19.21
27	010416001001	现浇混凝土钢筋（φ10 以内）	t	22.34
28	010416001002	现浇混凝土钢筋（φ10 以上）	t	50.99
		小计		
A.7		屋面及防水工程		
29	010701001001	玻璃纤维瓦屋面（屋面-1） 1. 20 厚 1:2 水泥砂浆找平 2. 挂瓦条 3. 851 防水涂膜防水层 4. 玻璃纤维瓦	m²	254.77
30	010803001001	保温隔热屋面（屋面-2） 1. 20 厚 1:2 水泥砂浆找平（双层） 2. 乳花沥青两遍 3. 1:10 水泥膨胀珍珠岩（最薄处 30 厚） 4. 改性沥青柔性油毡（Ⅱ型）防水层 5. 屋面缸砖	m²	143.3
31	010702004001	屋面排水管 UPVC 排水管，直径 100	m	167
32	010702004002	雨水口 UPVC 雨水口	个	10
33	010702004003	雨水斗 UPVC 雨水斗	个	10
		小计		
B.1		楼地面工程		
34	020101001001	水泥砂浆地砖地面 1. 地砖面层 2. 8 厚 1:1 水泥砂浆结合层 3. 15 厚 1:3 水泥砂浆找平层 4. 80 厚 C15 混凝土垫层 5. 80 厚碎石垫层 6. 素土分层夯实垫层	m²	431.12
35	020101001002	水泥砂浆楼面 1. 20 厚 1:2 水泥砂浆面层 2. 刷素水泥浆一道	m²	1535.44
36	020102002002	地砖楼面（防滑地砖） 1. 地砖面层 2. 刷素水泥浆一道 3. 8 厚 1:2 水泥砂浆找平层 4. 20 厚 1:1 水泥砂浆结合层 5. 刷素水泥浆一道	m²	351.40
37	020105001001	水泥砂浆踢脚线 1. 1:3 水泥砂浆打底，高 150mm 2. 1:2 水泥砖浆抹面	m²	109.8
38	020106003001	水泥砂浆楼梯面 1. 20 厚 1:1:3 水泥砂浆打底 2. 1:2 水泥砖浆抹面	m²	85.54
39	020107001001	不锈钢扶手带栏杆 1. 不锈钢栏杆 φ25mm 2. 不锈钢扶手 φ70mm	m	58.34
40	020108001001	水泥砂浆台阶 1. 20 厚 1:2 水泥砂浆面层 2. 100 厚 3:7 灰土垫层 3. 素土夯实垫层	m²	140.59
		小计		
B.2		墙、柱面工程		
41	020201001001	内墙面一般抹灰 1. 6 厚 1:1:6 水泥石灰砂浆底 2. 2 厚麻刀灰面	m²	2813.8

5

序号	项目编码	项目名称	计量单位	工程数量
42	020201001002	内墙水泥砂浆抹灰（厨房及卫生间） 1. 12厚1:3水泥砂浆底 2. 6厚1:2水泥砂抹平	m²	553.44
43	020201002001	外墙抹灰 1. 12厚1:3水泥砂浆底 2. 1:2水泥砂浆面	m²	1449.58
44	020202001001	柱面一般抹灰 1. 厚1:1:6水泥石灰砂浆底 2. 2厚麻刀灰面	m²	44.4
45	020203001001	阳台栏板内侧抹灰 1. 12厚1:3水泥砂浆底 2. 6厚1:2水泥砂浆找平	m²	245.28
46	020204003001	内墙块料面层 1. 刷素水泥浆一道 2. 1:1水泥砂浆面 3. 面砖	m²	553.44
		小计		
B.3		顶棚工程		
47	020301001001	顶棚抹灰（现浇板底） 1. 素水泥浆一道 2. 麻刀纸筋灰面	m²	9825.95
		小计		
B.4		门窗工程		
48	020401001001	镶板木门（单扇0.9m×2.1m） 1. 杉木 2. 普通五金 3. 润油粉一遍 4. 满刮腻子 5. 调和漆一遍 6. 磁漆两遍	樘	20
49	020401001002	双面胶合板门（JM-1） 1. 木框上钉5mm胶合板 2. 普通五金 3. 润油粉一遍 4. 满刮腻子 5. 调和漆一遍 6. 磁漆两遍	樘	22

序号	项目编码	项目名称	计量单位	工程数量
50	020401001003	双面胶合板门（JM-3） 1. 杉木框上钉5mm胶合板 2. 普通五金 3. 润油粉一遍 4. 满刮腻子 5. 调和漆一遍 6. 磁漆两遍	樘	55
51	020401001004	双面胶合板门（JM-10） 1. 木框上钉5mm胶合板 2. 普通五金 3. 润油粉一遍 4. 满刮腻子 5. 调和漆一遍 6. 磁漆两遍	樘	20
52	020401001005	双面胶合板门（JM-136） 1. 杉木框上钉5mm胶合板 2. 普通五金 3. 润油粉一遍 4. 满刮腻子 5. 调和漆一遍 6. 磁漆两遍	樘	2
53	020403002001	铝合金卷帘门（JLM-1） 80系列，尺寸见图样	樘	1
54	020403002002	铝合金卷帘门（JLM-2） 80系列，尺寸见图样	樘	3
55	020403002003	铝合金卷帘门（JLM-3） 80系列，尺寸见图样	樘	2
56	020403002004	铝合金卷帘门（JLM-4） 80系列，尺寸见图样	樘	2
57	020403002005	铝合金卷帘门（JLM-5） 80系列，尺寸见图样	樘	2
58	020402005001	塑钢平开门（LM-1） 尺寸见图样	樘	4
59	020406001001	塑钢推拉窗（C-1） 铝合金12厚，90系列，白玻璃6mm厚，尺寸见图样	樘	4

工程名称：××商住楼　　　　　　　　　　　　　　　　　　　　　　　　（续）

序号	项目编码	项目名称	计量单位	工程数量
60	020406001002	塑钢推拉窗（C-2） 铝合金12厚，90系列，白玻璃6mm厚，尺寸见图样	樘	50
61	020406001003	塑钢推拉窗（C-2′） 铝合金12厚，90系列，白玻璃6mm厚，尺寸见图样	樘	1
62	020406001004	塑钢推拉窗（C-2″） 铝合金12厚，90系列，白玻璃6mm厚，尺寸见图样	樘	4
63	020406001005	塑钢推拉窗（C-3） 铝合金12厚，90系列，玻璃6mm厚，尺寸见图样	樘	20
64	020406001006	塑钢推拉窗（C-3′） 铝合金12厚，90系列，白玻璃6mm厚，尺寸见图样	樘	2
65	020406001007	塑钢推拉窗（C-4） 铝合金12厚，90系列，白玻璃6mm厚，尺寸见图样	樘	5
66	020406001008	塑钢推拉窗（C-5） 铝合金12厚，90系列，白玻璃6mm厚，尺寸见图样	樘	20
67	020406001009	塑钢推拉窗（C-6） 铝合金12厚，90系列，白玻璃6mm厚，尺寸见图样	樘	20
		小计		
	B.5	油漆工程		
68	020506001001	外墙面油漆 1. 满涂乳胶腻子两遍 2. 刷外墙漆两遍	m²	1449.58
		小计		

1.3.2　土建工程措施项目清单

土建工程措施项目清单见表1-2。

表1-2　土建工程措施项目清单

工程名称：××商住楼

序号	项目名称	计量单位	工程数量
1	外墙砌筑脚手架	100m²	2053.64
2	内墙砌筑脚手架	100m²	3873.06
3	外墙脚手架挂安全网增加费用	100m²	2063.74
4	垂直运输机械	100m²	2683.09
5	环境保护	按×省建设工程清单计价费用定额计算	
6	文明施工	按×省建设工程清单计价费用定额计算	
7	安全施工	按×省建设工程清单计价费用定额计算	
8	临时设施	按×省建设工程清单计价费用定额计算	
9	工程定位复测、工程交点、场地清理费	按×省建设工程清单计价费用定额计算	
10	生产工具用具使用费	按×省建设工程清单计价费用定额计算	

1.3.3　土建工程其他项目清单

土建工程其他项目清单见表1-3。

表1-3　土建工程其他项目清单

工程名称：××商住楼

序号	名称	计量单位	数量
1			
2			

1.3.4　土建工程零星工作项目（计日工）

土建工程零星工作项目见表1-4。

表1-4　土建工程零星工作项目

工程名称：××商住楼

序号	名称	计量单位	数量
1	人工		
2	材料		
3	机械		

1.4　给水排水工程

1.4.1　给水排水工程分部（分项）工程工程量清单

给水排水工程分部（分项）工程工程量清单见表1-5。

表 1-5　给水排水工程分部（分项）工程工程量清单

工程名称：××商住楼

序号	项目编码	项目名称	计量单位	工程数量
1	030801001001	镀锌钢管 DN80，室外，给水，螺纹联接	m	12
2	030801001002	镀锌钢管 DN70，室外，给水，螺纹联接	m	28.8
3	030801001003	镀锌钢管 DN50，室内，给水，螺纹联接	m	77.9
4	030801001004	镀锌钢管 DN40，室内，给水，螺纹联接	m	143.8
5	030801001005	镀锌钢管 DN32，室内，给水，螺纹联接	m	12
6	030801001006	镀锌钢管 DN20，室内，给水，螺纹联接	m	145.5
7	030801005001	塑料复合管 DN150，室内，排水，零件粘接	m	112
8	030801005002	塑料复合管 DN100，室内，排水，零件粘接	m	106.1
9	030801005003	塑料复合管 DN75，室内，排水，零件粘接	m	106.2
10	030801012001	承插水泥管 φ300，室外，排水	m	42
11	030803001001	单向止回阀	个	6
12	030803001002	螺纹阀门 DN50	个	2
13	030803001003	螺纹阀门 DN40	个	8
14	030803001003	螺纹阀门 DN20	个	20
15	030803010001	水表 LXS—50C	组	20
16	030804001001	浴盆 1200×65，搪瓷	组	20

工程名称：××商住楼　　　　　　　　　　　　　　　　　　（续）

序号	项目编码	项目名称	计量单位	工程数量
17	030804003001	洗脸盆	组	22
18	030804005001	洗涤盆 陶瓷	组	25
19	030804007001	浴盆淋浴器 单柄浴混合龙头	组	20
20	030804012001	坐式大便器	套	20
21	030804012002	蹲式大便器	套	1
22	030804016001	厨房水龙头 铜，DN15	个	20
23	030804016002	洗脸盆混合龙头 铜，DN15	个	20
24	030804017001	铸铁地漏 铸铁，DN50	个	45
25	010101006001	人工挖土方	m³	193.32

1.4.2　给水排水工程措施项目清单

给水排水工程措施项目清单见表 1-6。

表 1-6　给水排水工程措施项目清单

工程名称：××商住楼

序号	项目名称	计量单位	工程数量
1	脚手架搭拆费		按×省安装工程定额计算

1.4.3　给水排水工程其他项目清单

给水排水工程其他项目清单见表 1-7。

表 1-7　给水排水工程其他项目清单

工程名称：××商住楼

序号	名　称	计量单位	数量
1			
2			
3			

1.4.4 给水排水工程零星工作项目（计日工）

给水排水工程零星工作项目见表1-8。

表1-8 给水排水工程零星工作项目

工程名称：××商住楼

序号	名 称	计 量 单 位	数 量
1	人工		
2	材料		
3	机械		

1.5 电气工程

1.5.1 电气工程分部（分项）工程工程量清单

电气工程分部（分项）工程工程量清单见表1-9。

表1-9 电气工程分部（分项）工程工程量清单

工程名称：××商住楼

序号	项目编码	项目名称	计量单位	工程数量
1	030204018001	总照明箱（M1/DCX20） 箱体安装	台	4
2	030204018002	总照明箱（Ms/DCX） 箱体安装	台	2
3	030204018002	户照明箱（XADP－P110） 箱体安装	台	24
4	030204031001	［低压］断路器（HSL1）	个	4
5	030204031002	［低压］断路器（E4CB240CE）	个	25
6	030204031003	［低压］断路器（C45N/2P）	个	40
7	030204031004	［低压］断路器（C45N/1P）	个	60
8	030204031005	延时开关	个	12
9	030204031006	单板开关	个	12
10	030204031007	双板开关	个	64
11	030204031001	二、三极双联暗插座（F901F910ZS）	套	219
12	030210002001	导线架设（BXF－35） 1. 导线架设 2. 导线进户架设 3. 进户横担安装	m	120
13	030210002002	导线架设（BXF－16） 1. 导线架设 2. 导线进户架设 3. 进户横担安装	m	120

工程名称：××商住楼 （续）

序号	项目编码	项目名称	计量单位	工程数量
14	030209001001	接地装置（－40×4镀锌扁钢） 接地母线敷设	m	8
15	030209002001	避雷装置（避雷网φ10镀锌圆钢，引下线利用构造柱内钢筋，接地母线－40×4镀锌扁钢） 1. 避雷带制作 2. 断接卡子制作、安装 3. 接线制作 4. 接地母线制作、安装	项	6
16	030211006001	母线调试	段	2
17	030211008001	接地电阻测试	系统	8
18	030212001001	G50钢管 1. 刨沟槽 2. 电线管路敷设 3. 接线盒、插座盒等安装 4. 防腐油漆	m	12.4
19	030212001002	G25钢管 1. 刨沟槽 2. 电线管路敷设 3. 接线盒、插座盒等安装 4. 防腐油漆	m	143.2
20	030212001003	SGM16塑管 1. 刨沟槽 2. 电线管路敷设 3. 接线盒、插座盒等安装 4. 防腐油漆	m	2916
21	030212003001	BV－35铜线 1. 配线 2. 管内穿线	m	24.8
22	030212003002	BV－10铜线 1. 配线 2. 管内穿线	m	504
23	030212003003	BV－4铜线 1. 配线 2. 管内穿线	m	1236

工程名称：××商住楼 （续）

序号	项目编码	项目名称	计量单位	工程数量
24	030212003004	BV-2.5铜线 1. 配线 2. 管内穿线	m	7418
25	030213001001	吊灯 安装	套	208
26	030212003002	吸顶灯 安装	套	72

1.5.2 电气工程措施项目清单

电气工程措施项目清单见表1-10。

表1-10 电气工程措施项目清单

工程名称：××商住楼

序号	项目名称	计量单位	工程数量
1	脚手架搭拆费（10kV以上架空线路不计）	按×省安装工程定额计算	

1.5.3 电气工程其他项目清单

电气工程其他项目清单见表1-11。

表1-11 电气工程其他项目清单

工程名称：××商住楼

序号	名称	计量单位	数量
1			
2			
3			

1.5.4 电气工程零星工作项目（计日工）

电气工程零星工作项目见表1-12。

表1-12 电气工程零星工作项目

工程名称：××商住楼

序号	名称	计量单位	数量
1	人工		
2	材料		
3	机械		

第2章 某商住楼施工图工程量计算过程实例详解

2.1 土建工程工程量计算过程

土建工程工程量计算过程见表2-1。

表2-1 土建工程工程量计算过程

工程名称：××商住楼

序号	分项工程名称	单位	工程量	计算式
0	建筑面积	m²	2683.09	按各层投影面积计算 1. 底层面积 $=[\underbrace{17.24 \times (3.3 \times 4 + 2.4 + 0.24) - (2+3) \times 3.3 - 3 \times 4.5/2}_{左单元}]+$ $\underbrace{(4.2 + 4.5 + 3.3 + 0.24) \times (3.3 \times 4 + 2.4 + 0.24)}_{右单元} = 443.61 \text{m}^2$ 2. 2~6层面积 $=[\underbrace{(12+0.24) \times 15.84}_{室内} + \underbrace{(2.4 + 0.24) \times 1.2 \times 2}_{北阳台} +$ $\underbrace{(3.3 + 0.24) \times 1.3 \times 2}_{南阳台}] \times 2 \times 5(层) = 2089.32 \text{m}^2$ 3. 夹层面积 $=(4.5 + 0.24) \times 15.84 \times 2 = 150.16 \text{m}^2$ 4. 建筑面积 $= 443.61 + 2089.32 + 150.16 = 2683.09 \text{m}^2$
1	平整场地	m²	443.61	按设计图示尺寸以建筑物首层面积计算，443.61m²（见序号0）
2	挖基础土方	m³	973.35	按设计图示尺寸以体积计算 1. 垂直挖土方体积 挖土深度 = 2.1 − 0.15(室外地坪标高) = 1.95m 基底面积 ≈ $\underbrace{17.24 \times 15.84}_{左单元} + \underbrace{15.84 \times 12.24}_{右单元} = 466.96 \text{m}^2$ 垂直挖土方体积 = 底面积 × 挖土深度 = 466.96 × 1.95 = 910.57m³ 2. 放坡挖土方体积 放坡宽 = $\underline{1.95}$(深度) × $\underline{0.33}$(放坡系数) = 0.6435m 放坡挖土方体积 ≈ $[(17.24 + 0.64) + (31.78 + 0.64)]$(长度) × $\underline{0.64}$(宽度) × $\underline{1.95}$(深度) = 62.78m³ 3. 挖基础土方 = 垂直挖土方体积 + 放坡挖土方体积 = 910.57 + 62.78 = 973.35m³
	基底钎探	m²	466.96	基底钎探 = 基底面积 = 466.96m²
3	土方回填	m³	897.87	挖方体积减去设计室外地坪以下埋设的基础总体积 1. 基础垫层总体积（包含带形基础垫层） J−1独立基础垫层体积 = 垫层面积 × 垫层高 = 1.2 × 1.2 × 0.1 = 0.144m³

工程名称：××商住楼　　　　　　　　　　　　　（续）

序号	分项工程名称	单位	工程量	计算式
3	土方回填	m³	897.87	J−2独立基础垫层体积 = 垫层面积 × 垫层高 = 2.2 × 2.2 × 0.1 = 0.484m³ …… 基础垫层总体积 =（J−1独立基础体积）+（J−2独立基础体积）+… = 15.48m³ 2. 混凝土基础总体积（包含带形基础） J−1混凝土独立基础体积 = 基础面积 × 基础高 = 1.0 × 1.0 × 0.3 + 0.6 × 0.6 × 0.3 = 0.408m³ J−2混凝土独立基础体积 = 基础面积 × 基础高 = 2.0 × 2.0 × 0.3 + 1.2 × 1.2 × 0.3 = 1.632m³ …… 混凝土基础总体积 =（J−1独立基础）+（J−2独立基础）+… = 52.22m³ 3. 混凝土基础梁总体积 JL1基础梁体积 = 基础梁断面积 × 基础梁长 = $\underbrace{0.25 \times 0.35}_{面积} \times \underbrace{[(3.3-0.4) + (4.5-0.4) + (5.06-0.4)]}_{长}$ = 1.02m³ JL2基础梁体积 = 基础梁断面积 × 基础梁长 = $\underbrace{0.25 \times 0.30}_{面积} \times \underbrace{[(4.5-0.4) + (4.5-0.4) + …]}_{F轴长} = 6.76 \text{m}^3$ 混凝土基础梁总体积 = JL1基础梁体积 + JL2基础梁体积 = 1.02 + 6.76 = 7.78m³ 4. 室外地坪以下埋设的基础总体积 = 基础垫层总体积 + 混凝土基础总体积 + 混凝土基础梁总体积 = 15.48 + 52.22 + 7.78 = 75.48m³ 5. 室内回填土体积 = 挖方体积 − 设计室外地坪以下埋设的基础体积 = 973.35 − 75.48 = 897.87m³
4	底层空心砖墙（120厚）	m³	3.66	按设计图示尺寸以体积计算，扣除门窗洞口，钢筋混凝土柱、梁所占体积，不扣除板头所占体积。墙长度：外墙按中心线，内墙按净长 1. 墙毛面积 墙长 = $\underbrace{(0.12 + 0.7 + 2.36 + 1.8 - 0.2)}_{左单元} + \underbrace{(1.8 - 0.2 + 0.18 + 0.7 + 2.42 - 0.12)}_{右单元}$ = 9.56m 墙高 = 3.60 − 0.1(板厚) = 3.50m 墙毛面积 = 墙长 × 墙高 = 9.56 × 3.50 = 33.46m² 2. 墙净面积 扣除门面积 = 0.7 × 2.1 × 2(数量) = 2.94m² 墙净面积 = 墙毛面积 − 扣除门面积 = 33.46 − 2.94 = 30.52m² 3. 墙体积 = 墙净面积 × 墙厚 = 30.52 × 0.12 = 3.66m³

序号	分项工程名称	单位	工程量	计　算　式
5	底层空心砖墙（240厚）	m³	22.79	按设计图示尺寸以体积计算，扣除门窗洞口，钢筋混凝土柱、梁所占体积，不扣除板头所占体积。墙长度：外墙按中心线，内墙按净长 1. 墙毛面积 墙长 $=(3.3-0.4)+(4.5-0.4)+(5.06-0.4)+$ $(3.3-0.4)\times2+(2.4-0.9)+(17.24-0.4\times5)+$ 左单元 $(3.3-0.4)\times2+(12.24-0.4\times3)\times2=62.08$m 右单元 墙高 $=3.60-0.6$（梁高）$=3.00$m 墙毛面积 $=$墙长×墙高$=62.08\times3.00=186.24$m² 2. 墙净面积 扣除门面积$=\underset{\text{JLM}-6}{2.4\times3.0\times2}$(数量)$+\underset{\text{JLM}-3}{2.82\times3.0\times2}$(数量)$+$ $\underset{\text{C}-3'}{0.9\times1.5\times2}$(数量)$+\underset{\text{C}-2'}{0.9\times1.5}+\underset{\text{JLM}-2}{3.72\times3.0\times2}$(数量)$+$ $\underset{\text{JLM}-4}{1.50\times3.0\times2}$(数量)$+\underset{\text{JLM}-5}{2.40\times3.0\times2}$(数量)$=91.29$m² 墙净面积 $=$墙毛面积$-$扣除门面积$=186.24-91.29=94.95$m² 3. 墙体积 $=$墙净面积×墙厚$=94.95\times0.24=22.79$m³
6	二层至屋顶空心砖墙	m³	594.53	按设计图示尺寸以体积计算，扣除门窗洞口，钢筋混凝土柱、梁所占体积，不扣除板头所占体积。墙长度：外墙按中心线，内墙按净长 1. 2~6层墙毛面积 外墙长 $=[\underset{\text{F轴(扣构造柱)}}{(15.6-0.24\times6-1.66\times2)}+\underset{\text{D轴(扣构造柱)}}{(7.8-0.24-1.0)}+(4.5-0.24-1.0)+$ $\underset{\text{B轴(扣构造柱)}}{(15.6-0.24\times4)}+\underset{\text{A轴(扣构造柱)}}{(15.6-0.24\times5-2.1\times2)}]\times2$ （左右两单元） $=91.00$m 内墙长 $=\{\underset{\text{1,9轴(扣构造柱)}}{(12.0-0.24\times3)\times2}+\underset{\text{2,8轴(扣构造柱)}}{[(4.2-0.24)+(3.3-0.24)]\times2}+$ $\underset{\text{4,5,6轴(扣构造柱)}}{(4.2-0.24)\times2+(7.62-0.24\times3)}\}\times2$ （左右两单元） $=102.84$m 外墙高 $=\underset{\text{梁高　层}}{(2.8-0.3)\times5}=12.5$m 内墙高 $=\underset{\text{梁高　层}}{(2.8-0.18)\times5}=13.1$m 外墙毛面积 $=$外墙长×外墙高$=91.00\times12.5=1137.5$m² 内墙毛面积 $=$内墙长×内墙高$=102.84\times13.1=1347.20$m² 2~6层墙毛面积 $=$外墙毛面积$+$内墙毛面积 $=1137.5+1347.20=2484.70$m²

序号	分项工程名称	单位	工程量	计　算　式
6	二层至屋顶空心砖墙	m³	594.53	2. 2~6层墙净面积 扣除门面积$=\underset{\text{XM}-3}{0.9\times2.1\times20}$(数量)$+\underset{\text{JM}-3}{0.9\times2.1\times50}$(数量)$+$ $\underset{\text{JM}-1}{0.8\times2.1\times20}$(数量) $=165.90$m² 2~6层墙净面积 $=$墙毛面积$-$扣除面门积 $=2484.70-165.90=2318.80$m² 3. 2~6层体积 $=$墙净面积×墙厚$=2318.80\times0.24=556.51$m³ 4. 夹层墙体积 用同样方法算得夹层墙体积38.02m³ 5. 二层至屋顶空心砖墙体积 $=2$~6层墙体积$+$夹层墙体积$=556.51+38.02=594.53$m³
7	台阶	m³	16.70	按设计图示尺寸以体积计算 1. C轴台阶体积 $=$断面面积×长$=\underset{\text{面积}}{0.15\times1.80}\times\underset{\text{长}}{15.84}=4.28$m³ 2. 用同样方法算得其他轴台阶体积12.42m³ 3. 台阶总体积 $=$C轴台阶$+$其他轴台阶$=4.28+12.42=16.70$m³
8	蹲台	m³	0.86	按设计图示尺寸以体积计算 蹲台体积$=$面积×高$\approx\underset{\text{面积}}{1.2\times1.8}\times\underset{\text{高}}{0.2}\times\underset{\text{数量}}{2}=0.864$m³
9	砖窨井	座	15	15座
10	水表井	座	2	2座
11	阀门井	座	6	6座
12	6#化粪池	座	1	1座
13	带形基础	m³	15.16	按设计图示尺寸以体积计算 1. F轴带形基础体积 $=$断面面积×长 $=\underset{\text{断面面积}}{0.3\times1.0}\times\underset{\text{长}}{[(3.3-0.78-0.9)+(3.3-0.78-1.0)]}=0.942$m³ 2. 用同样方法算得其他轴带形基础体积14.22m³ 3. 带形基础总体积 $=$F轴带形基础体积$+$其他轴带形基础体积 $=0.942+14.22=15.16$m³

序号	分项工程名称	单位	工程量	计 算 式
13	带形基础垫层	m³	5.12	按设计图示尺寸以体积计算 1. F轴带形基础垫层 =断面积×长 $=0.1\times1.0\times[(3.3-0.78-0.9)+(3.3-0.78-1.0)]=0.314\text{m}^3$ 　　断面面积　　　　　长 2. 用同样方法得其他轴带形基础垫层体积4.80m³ 3. 带形基础垫层总体积 =F轴垫层体积+其他轴垫层体积 $=0.314+4.80=5.12\text{m}^3$
14	独立基础	m³	37.06	按设计图示尺寸以体积计算 1. J-1独立基础体积 =基础面积×基础高 $=1.0\times1.0\times0.3+0.6\times0.6\times0.3=0.408\text{m}^3$ 2. J-2独立基础体积 =基础面积×基础高 $=2.0\times2.0\times0.3+1.2\times1.2\times0.3=1.632\text{m}^3$ …… 3. 独立基础总体积 =（J-1独立基础体积）+（J-2独立基础体积）+…=37.06m³
14	独立基础垫层	m³	10.36	按设计图示尺寸以体积计算 1. J-1独立基础垫层体积 =垫层面积×垫层高$=1.2\times1.2\times0.1=0.144\text{m}^3$ 2. J-2独立基础垫层体积 =垫层面积×垫层高$=2.2\times2.2\times0.1=0.484\text{m}^3$ …… 3. 基础垫层总体积 =（J-1独立基础垫层体积）+（J-2独立基础垫层体积）+…=10.36m³
15	基础梁	m³	7.78	按设计图示尺寸以体积计算 1. JL1基础梁体积 =基础梁断面积×基础梁长 $=0.25\times0.35\times[(3.3-0.4)+(4.5-0.4)+(5.06-0.4)]$ 　　面积　　　　　　　长 $=1.02\text{m}^3$ 2. JL2基础梁体积 =基础梁断面面积×基础梁长 $=0.25\times0.30\times[(4.5-0.4)+(4.5-0.4)+\cdots]$ 　　面积　　　　　F轴长 $=6.76\text{m}^3$ 3. 混凝土基础梁总体积 =JL1基础梁体积+JL2基础梁体积$=1.02+6.76=7.78\text{m}^3$

序号	分项工程名称	单位	工程量	计 算 式
16	框架梁	m³	42.57	按设计图示尺寸以体积计算。计算梁长：梁与柱连接时，梁长算至柱侧面；主梁与次梁连接时，次梁长算至主梁侧面 1. KL14（1）框架梁体积 =梁断面面积×梁长 $=0.25\times0.60\times(3.3-0.4)\times2=0.87\text{m}^3$ 　　面积　　　　　长 2. KL15（2）框架梁体积 =梁断面面积×梁长 $=0.35\times0.60\times(4.5-0.4)\times2=1.72\text{m}^3$ 　　面积　　　　　长 3. 用同样方法算得其他框架梁体积39.98m³ 4. 框架梁总体积 =KL14（1）框架梁体积+KL15（2）框架梁体积+其他框架梁体积 $=0.87+1.72+39.98=42.57\text{m}^3$
17	框架柱	m³	40.87	按设计图示尺寸以体积计算。框架柱的柱高，自柱基础上表面至柱顶高度 1. KZ1与ZD1框架柱体积 =柱断面面积×柱高 $=0.40\times0.40\times(2.0-0.7+3.6)\times42=32.93\text{m}^3$ 　　面积　　　　　高　　　数量 2. AZ1框架柱体积 =柱断面面积×柱高 $=(0.50\times0.24+0.2\times0.26)\times(2.0-0.7+3.6)\times2=1.69\text{m}^3$ 　　　　面积　　　　　　　　高　　　数量 3. AZ2框架柱体积 =柱断面面积×柱高 $=(0.50\times0.24+0.24\times0.26)\times(2.0-0.7+3.6)\times4=3.58\text{m}^3$ 　　　　面积　　　　　　　　高　　　数量 4. AZ3框架柱体积 =柱断面面积×柱高 $=(0.50\times0.20)\times(2.0-0.7+3.6)\times2=0.98\text{m}^3$ 　　面积　　　　　高　　　数量 5. AZ4框架柱体积 =柱断面面积×柱高 $=(0.50\times0.24+0.26\times0.2)\times(2.0-0.7+3.6)\times2=1.69\text{m}^3$ 　　　　面积　　　　　　　　高　　　数量 6. 框架柱总体积 =KZ1、ZD1柱体积+AZ1柱体积+AZ2柱体积+AZ3柱体积+AZ4柱体积 $=32.93+1.69+3.58+0.98+1.69=40.87\text{m}^3$

序号	分项工程名称	单位	工程量	计 算 式
18	构造柱	m³	59.65	按设计图示尺寸以体积计算。柱高按全高计算，嵌接墙体部分并入柱身 1. H 轴线构造柱体积 ＝柱身体积＋嵌接墙体部分体积 ＝$0.24 \times 0.24 \times$ 高 $\times$ 柱数 $+ 0.06 \times 0.24 \times$ 高 $/2 \times n$ （其中 n 是柱嵌入墙体的接触面数量） ＝$0.24 \times 0.24 \times 14.00 \times 7 + 0.06 \times 0.24 \times 14/2 \times 17$ 　　柱身体积　　　　　嵌入墙体部分体积 ＝$5.65 + 1.72 = 7.37 \text{m}^3$ （其中：14.00 是高，7 是柱数量，17 是柱嵌入墙体的接触面数量） 2. 用同样方法算出其他轴线构造柱体积是 52.28m³ 3. 构造柱总体积 ＝H 轴线构造柱体积＋其他轴线构造柱体积 ＝$7.37 + 52.28 = 59.65 \text{m}^3$
19	圈梁	m³	83.12	按图示尺寸以体积计算。梁长：梁与柱连结时，梁长算至柱侧面。梁高：外墙圈梁按全高计算，内墙圈梁算至板底 1. 2 层 H 轴线圈梁体积 圈梁长＝圈过梁长 - 过梁长 　＝$(15.6 - 0.24 \times 6) -$ 　　　　圈过梁长 　$[(1.5 + 0.5) + (0.9 + 0.5) - (2.4 - 0.24)] \times 2$ 　　　　　　　过梁长 　＝$14.16 - 2.48 = 11.68 \text{m}$ 圈梁体积＝断面面积 $\times$ 长 　＝$0.24 \times 0.3 \times 11.68 = 0.84 \text{m}^3$ 　　断面面积　　长 2. 用同样方法算出其他轴线圈梁体积是 82.28m³ 3. 圈梁总体积 ＝2 层 H 轴线圈梁体积＋其他轴线圈梁体积 ＝$0.84 + 82.28 = 83.12 \text{m}^3$
20	过梁	m³	16.38	按图示尺寸以体积计算。梁长算至柱侧面，经门窗洞口时长加 0.5m 1. 2 层 H 轴线过梁体积 过梁长＝$[(1.5 + 0.5) + (0.9 + 0.5) - (2.4 - 0.24)] \times 2$ 　　　　C-2 窗长　C-3 窗长　12 轴至 13 轴长 　＝2.48m 过梁体积＝断面面积 $\times$ 长 　＝$0.24 \times 0.3 \times 2.48 = 0.18 \text{m}^3$ 　　断面面积　长 2. 用同样方法算出其他轴线过梁体积是 16.2m³ 3. 过梁总体积 ＝2 层 H 轴线圈过梁体积＋其他轴线过梁体积 ＝$0.18 + 16.2 = 16.38 \text{m}^3$

序号	分项工程名称	单位	工程量	计 算 式
21	剪力墙	m³	36.71	按图示尺寸以体积计算 1. Q_1 剪力墙体积 长 ＝$(1.6 - 0.5 - 0.28) \times 2 + (1.6 - 0.5 - 0.28) + (3.3 - 0.28 - 0.2) +$ 　　　　H 轴线　　　　　　　　　　　　　　　F 轴线 　$(3.3 - 0.2 - 0.38) \times 4 = 1.64 + 3.64 + 10.88 = 16.16 \text{m}$ 　　　E，A 轴线 高 ＝$2.0 - 0.7 + 3.6 - 0.6 = 4.3 \text{m}$ 　地坪以下　地坪以上 Q_1 剪力墙毛面积＝长 $\times$ 高 $= 16.16 \times 4.3 = 69.49 \text{m}^2$ 扣除窗面积＝$0.9 \times 1.2 \times 2 = 2.16 \text{m}^2$ Q_1 剪力墙净面积＝毛面积 - 扣除窗面积 $= 69.49 - 2.16 = 67.33 \text{m}^2$ Q_1 剪力墙体积＝面积 $\times$ 墙厚 $= 67.33 \times 0.20 = 13.47 \text{m}^3$ 2. Q_2 剪力墙体积 长 ＝$[(2.4 - 0.38) + (5.4 - 0.38 - 0.40) \times 2] \times 2$ 　　　横向　　　　　纵向 　＝$(2.02 + 9.24) \times 2 = 22.52 \text{m}$ 高 ＝$2.0 - 0.7 + 3.6 - 0.6 = 4.3 \text{m}$ 　地坪以下　地坪以上 Q_2 剪力墙面积＝长 $\times$ 高 $= 22.52 \times 4.3 = 96.84 \text{m}^2$ Q_2 剪力墙体积＝面积 $\times$ 墙厚 $= 96.84 \times 0.24 = 23.24 \text{m}^3$ 3. 剪力墙总体积 ＝Q_1 剪力墙体积＋Q_2 剪力墙体积 ＝$13.47 + 23.24 = 36.71 \text{m}^3$
22	无梁板	m³	2066.81	按图示尺寸以体积计算 1. 三层楼板 80 厚板体积＝面积 $\times$ 板厚 　＝$2.4 \times 3.3 \times 4 \times 0.08 = 2.53 \text{m}^3$ 　　厨房　　　板厚 100 厚板体积＝面积 $\times$ 板厚 　＝$(3.3 \times 3.3 \times 4 + 6.6 \times 4.2 \times 4) \times 1.00$ 　　H 轴与 G 轴之间　E 轴与 C 轴之间　板厚 　＝$(43.56 + 110.88) \times 1.00 = 154.44 \text{m}^3$ 120 厚板体积＝面积 $\times$ 板厚 　＝$(15.6 \times 4.5 - 2.4 \times 1.2) \times 2 \times 1.20$ 　　G 轴与 E 轴之间　　　板厚 　＝$134.64 \times 1.20 = 161.56 \text{m}^3$ 三层楼板体积＝80 厚板体积＋100 厚板体积＋120 厚板体积 　＝$2.53 + 154.44 + 161.56 = 318.53 \text{m}^3$ 2. 用同样方法算出其他各层楼板体积是 1748.28m³ 3. 楼板总体积 ＝三层楼板体积＋其他各层楼板体积 ＝$318.53 + 1748.28 = 2066.81 \text{m}^3$

序号	分项工程名称	单位	工程量	计 算 式
23	有梁板	m³	47.14	按图示尺寸以体积计算 1. 三层有梁板 　80 厚板体积 = 面积 × 板厚 　= (2.1 × 3.3 × 4 + 2.64 × 1.32 × 4 + 3.54 × 1.42 × 4) × 0.08 　　　厨房　　　北阳台　　　南阳台　　板厚 　= (27.72 + 13.94 + 20.11) × 0.08 = 4.94m³ 　板底梁体积 = 断面面积 × 长 　= 0.12 × 0.2 × (2.1 − 0.24) × 4 + 　　　卫生间 　0.22 × 0.24 × (4.8 + 1.32 × 3) × 2 + 　　　北阳台 　0.22 × 0.24 × (3.3 + 1.42 × 2) × 4 　　　南阳台 　= 0.179 + 0.925 + 1.297 = 2.40m³ 　三层有梁板 = 80 厚板体积 + 板底梁体积 　= 4.94 + 2.40 = 7.34m³ 2. 用同样方法算出其他各层有梁板体积是 39.80m³ 3. 有梁板板总体积 　= 三层有梁板体积 + 其他各层有梁板体积 　= 7.34 + 39.80 = 47.14m³
24	栏板	m³	328.27	按图示尺寸以体积计算 1. 北阳台栏板体积 　单层面积 = 长 × 高 = (1.32 + 2.4) × 4 × 1.2 = 17.86m² 　　　　　　　　　　长　　　高 　体积 = 单层面积 × 板厚 × 层数 = 17.86 × 1.00 × 5 = 87.8m³ 　　　　　　　　　面积　板厚　层数 2. 南阳台栏板体积 　单层面积 = 长 × 高 = (3.3 + 1.42 × 2) × 4 × 1.2 = 29.47m² 　　　　　　　　　　长　　　高 　体积 = 单层面积 × 板厚 × 层数 = 29.47 × 1.00 × 5 = 147.35m³ 　　　　　　　　　面积　板厚　层数 3. 女儿墙栏板体积 　面积 = 长 × 高 = [(15.6 + 1.2 × 2) + (15.6 + 1.3 × 4)] × 1.2 × 2 　　　　　H 长　　　　　　　C 长　　　　高 　= (18 + 20.8) × 2.4 = 93.12m² 　体积 = 面积 × 板厚 = 93.12 × 1.00 = 93.12m³ 　　　　　面积　板厚 4. 栏板总体积 　= 北阳台栏板体积 + 南阳台栏板体积 + 女儿墙栏板体积 　= 87.8 + 147.35 + 93.12 = 328.27m³

序号	分项工程名称	单位	工程量	计 算 式
25	楼梯	m²	45.36	按设计图示尺寸以水平投影面积计算，伸入墙内部分不计算 投影面积 = 宽 × 长 = (2.4 − 0.24) × 4.2 × 5 = 45.36m² 　　　　　　宽　　长　　层数
26	散水	m²	19.21	按设计图示尺寸以面积计算 面积 = 宽 × 长 = 1 × [(15.48 + 0.45 + 0.5) + (0.5 + 4.2 − 1.92)] = 19.21m² 　　　宽　横长　　竖长
27	现浇混凝土钢筋 （φ10 以内）	t	22.34	按图示钢筋长度乘以单位理论质量计 1. Q_{L1} 圈梁箍筋重（φ6@200） 　箍筋单根长 ≈ (0.24 + 0.30) × 2 = 1.08m 　箍筋根数 = Q_{L1} 圈梁总长 ÷ 单根间距 ≈ (15.6 + 12) × 2 × 5 ÷ 0.2 = 1380 根 　　　　　　　　　总长　　　　单根间距 　箍筋总长 = 单根长 × 根数 = 1.08 × 1380 = 1490.4m 　Q_{L1} 圈梁箍筋重 = 总长 × 单位理论质量 = 1490.4 × 0.222 = 330.87kg = 0.331t 2. 用同样方法算出其他钢筋重是 22.01t 3. 钢筋总重 　= Q_{L1} 圈梁箍筋重 + 其他钢筋重 　= 0.331 + 22.01 = 22.34t
28	现浇混凝土钢筋 （φ10 以上）	t	50.99	按图示钢筋长度乘以单位理论质量计 用以上方法算出其他钢筋重是 50.99t
29	玻璃纤维 瓦屋面	m²	254.77	按设计图示尺寸以斜面积计算，不扣除房上风帽底座所占面积 斜面积 = 长 × 宽 × 1.1 = (15.84 × 8.22 − 4.8 × 3) × 1.1 × 2 = 254.77m²
30	保温隔热屋面	m²	143.3	按设计图示尺寸以面积计算，不扣除房上风帽底座所占面积 面积 = 长 × 宽 ≈ (4.5 × 2.4 + 4.2 × 0.3 × 2 + 3.96 × 6.36 × 2 + 3.06 × 1.3 × 2) × 2 　　　北面　　　　　　　　南面 = (13.32 + 58.33) × 2 = 143.3m²
31	屋面排水管	m	167	以檐口至设计室外散水上表面垂直距离计算 长 = 16.7 × 10 = 167m
32	雨水口	个	10	按个计算 10 个
33	雨水斗	个	10	按个计算 10 个
34	水泥砂浆 地砖地面	m²	431.12	按图示尺寸以面积计算，不扣除 0.3m² 柱，门洞开口部分不增加面积 1. 右单元地砖地面面积 　= 长 × 宽 = (12.24 − 0.24) × (15.6 − 0.24) = 184.32m² 2. 用同样方法算出左单元地砖地面面积 246.8m² 3. 水泥砂浆地砖地面总面积 　= 右单元地砖地面面积 + 左单元地砖地面面积 　= 184.32 + 246.8 = 431.12m²

序号	分项工程名称	单位	工程量	计 算 式
35	水泥砂浆楼面	m²	1535.44	按图示尺寸以面积计算，门洞开口部分不增加面积 1. 二层水泥砂浆楼面面积 　面积 = 长×宽 　　= [(3.3−0.24)×(3.3−0.24)×2 + 　　　　　　　　　卧室5 　　(7.8−0.24)×(4.5−0.24)×2 + 　　　　　　　餐厅，客厅 　　(3.3−0.24)×(4.2−0.24)×4 + 　　　　　　　卧室1，2，3，4 　　(3.30−0.24)×1.3×2]×2 　　　　　　南阳台 　　= (18.73+64.41+48.48+7.96)×2 = 279.16m² 2. 用同样方法算出其他层水泥砂浆楼面面积是1256.28m² 3. 水泥砂浆楼面总面积 　= 二层水泥砂浆楼面面积 + 其他层水泥砂浆楼面面积 　= 279.16+1256.28 = 1535.44m²
36	地砖楼面	m²	351.40	按图示尺寸以面积计算，不扣除0.3m²以内的柱，门洞开口部分不增加面积 1. 二层地砖楼面面积 　面积 = 长×宽 　　= [5.5×(2.4−0.24)+(2.1−0.24)×(3.3−0.24)]×4 　　　　　厨房　　　　　　卫生间 　　= (11.88+5.69)×4 = 70.28m² 2. 用同样方法算出其他层地砖楼面面积是281.12m² 3. 地砖楼面总面积 　= 二层地砖楼面面积 + 其他层地砖楼面面积 　= 70.28+281.12 = 351.40m²
37	水泥砂浆踢脚线	m²	109.8	按图示长度乘以高度以面积计算，不扣除门洞开口部分 1. 二层踢脚板面积 　长 = (7.8+4.5)×4 + (3.3+4.2)×8 + (3.3+3.3)×4 + 　　　客厅，餐厅　　　南卧室　　　北卧室 　　(4.2×2+2.4) 　　　楼梯 　　= 49.2+60.0+26.4+10.8 = 146.4m 　面积 = 长×高 = 146.4×0.15 = 21.96m² 2. 用同样方法算出其他层踢脚板面积是87.84m² 3. 踢脚板总面积 　= 二层踢脚板面积 + 其他层踢脚板面积 　= 21.96+87.84 = 109.8m²

序号	分项工程名称	单位	工程量	计 算 式
38	水泥砂浆楼梯面	m²	85.54	按设计图示尺寸以楼梯（包括踏步、休息平台及500mm以内的楼梯井）水平投影面积计算。楼梯与楼地面相连的，算至梯口梁内侧边沿 面积 = (4.2−0.24)×(2.4−0.24)×5×2 = 85.54m²
39	不锈钢扶手	m	58.34	按设计图示尺寸以扶手中心线长度（包括弯头长度）计算 长 = (2.24×10+1.4)×1.15×2 + 0.2×9×2 = 58.34m 　　　　　斜长　　　　　　　弯头长
40	水泥砂浆台阶面	m²	140.59	按设计图示尺寸以面积计算 1. C轴台阶面积 　= 宽×长 = 1.80×15.84 = 28.51m² 　　　宽　　长 2. 用同样方法算得其他轴台阶面积112.08m² 3. 台阶总面积 　= C轴台阶 + 其他轴台阶 = 28.51+112.08 = 140.59m²
41	内墙面一般抹灰	m²	2813.8	面积按主墙间的净长乘以高度计算，高度以室内楼地面至顶棚底面计算，不扣除踢脚板，门窗洞口的侧壁不增加面积 1. 二层左单元客厅抹灰 　客厅毛面积 = 长×高 　　= [(7.8−0.24)+(4.5−0.24)]×2×(2.8−0.15)×2 　　　　　　　　长　　　　　　　　　高 　　= 125.3m² 　客厅门窗面积 = [(0.9×2.1)×4+1×2.1]×2 = 19.32m² 　　　　　　　　　门　　　　门洞 　客厅抹灰净面积 = 客厅毛面积 − 客厅门窗面积 　　= 125.3−19.32 = 105.98m² 2. 二层左单元卧室抹灰 　卧室毛面积 = 长×高 　　= [(3.3−0.24)+(4.2−0.24)]×2×(2.8−0.15)×4 　　　　　　　　长　　　　　　　　　高 　　= 148.82m² 　卧室门窗面积 = [(0.9×2.1)×4+(1.5×1.5)×2+(2.1×2.1)×2] 　　　　　　　　门　　　　C−2窗　　　　　C−6窗 　　= 20.88m² 　卧室抹灰净面积 = 卧室毛面积 − 卧室门窗面积 　　= 148.82−20.88 = 127.94m² 3. 二层左单元抹灰总面积 　= 客厅抹灰净面积 + 卧室抹灰净面积 = 105.98+127.94 = 233.92m² 4. 用同样方法算得其他内墙面一般抹灰面积2579.88m² 5. 内墙面一般抹灰总面积 　= 二层左单元总抹灰 + 其他内墙面抹灰面积 　= 233.92+2579.88 = 2813.8m²

序号	分项工程名称	单位	工程量	计 算 式
42	内墙水泥砂浆抹灰	m²	571.44	面积按主墙间的净长乘以高度计算，高度以室内楼地面至顶棚底面计算，门窗洞口的侧壁不增加面积 1. 卫生间内墙水泥砂浆抹灰 毛面积＝长×高 ＝[(2.1−0.24)×4＋(3.3−0.24−0.12)×2]× —长— (2.8−0.15)×2×5 —高 层— ＝(7.44＋5.88)×2.65×2×5＝352.98m² 门窗面积＝[0.9×1.5＋(0.9×1.9)×2＋1×2.1]×2×5 —C−3 窗 门 门洞— ＝(1.35＋3.42＋2.1)×2×5＝68.7m² 卫生间抹灰净面积＝毛面积−门窗面积 ＝352.98−68.7＝284.28m² 2. 厨房内墙水泥砂浆抹灰 毛面积＝长×高 ＝[(2.4−0.24)×2＋(3.3−0.24＋1.2)×2]× —长— (2.8−0.15)×2×5 —高 层— ＝(4.32＋8.52)×2.65×2×5＝340.26m² 门窗面积＝(3.6×1.5＋0.9×1.9)×2×5 —C−5 窗 门 层— ＝(5.4＋1.71)×2×5＝71.1m² 厨房抹灰净面积＝毛面积−门窗面积 ＝340.26−71.1＝269.16m² 3. 内墙水泥砂浆抹灰总面积 ＝卫生间内墙水泥砂浆抹灰面积＋厨房间内墙水泥砂浆抹灰面积 ＝284.28＋269.16＝553.44m²
43	外墙抹灰	m²	1449.58	按外墙垂直投影面积计算，门窗洞口侧壁及顶面不增加面积 1. 18 轴外墙抹灰面积 毛面积＝长×高 ≈12.24×(17.5＋0.15)＋(4.5＋3.3)×3.3/2＋1.2×4.2 —1 至 6 层 夹层— ＝233.95m² 扣除面积＝1.5×1.5×5＝11.25m² —C−2 窗— 18 轴外墙抹灰净面积＝毛面积−扣除面积 ＝233.95−11.25＝222.7m² 2. 用同样方法算得其他外墙抹灰面积1226.88m² 3. 外墙面抹灰总面积 ＝18 轴外墙抹灰面积＋其他外墙面抹灰面积 ＝222.7＋1226.88＝1449.58m²

序号	分项工程名称	单位	工程量	计 算 式
44	柱面一般抹灰	m²	44.4	按垂直投影面积计算 1. 1 个柱面抹灰面积 ＝宽×高＝0.4×3＝1.2m² 2. 柱面抹灰总面积 ＝1.2×37＝44.4m²
45	阳台栏板内侧抹灰	m²	245.28	按设计图示尺寸的面积计算 1. 南阳台 面积＝长×高 ＝[(3.3−0.24)＋1.3×2]× 1.2 ×4×5＝135.84m² —长 高 层— 2. 北阳台 面积＝长×高 ＝[(2.4−0.24)＋1.2×2]× 1.2 ×4×5＝109.44m² —长 高 层— 3. 阳台栏板内侧抹灰总面积 ＝135.84＋109.44＝245.28m²
46	内墙块料面层	m²	553.44	同序号 42
47	顶棚抹灰	m²	9825.95	按设计图示尺寸以水平投影面积计算，板式楼梯底面抹灰按斜面积计算 1. 南卧室投影面积 ＝[(3.3−0.24)×(4.2−0.24)]×4×5＝242.35m² 2. 用同样方法算得其他房间投影面积9583.60m² 3. 顶棚抹灰总面积 ＝南卧室投影面积＋其他房间投影面积 ＝242.35＋9583.60＝9825.95m²
48	镶板木门(单扇 0.9m×2.1m)	樘	20	按设计图示数量计算 20 樘
49	双面胶合板门（JM−1）	樘	22	按设计图示数量计算 22 樘
50	双面胶合板门（JM−3）	樘	55	按设计图示数量计算 55 樘
51	双面胶合板门（JM−10）	樘	20	按设计图示数量计算 20 樘
52	双面胶合板门（JM−136）	樘	2	按设计图示数量计算 2 樘
53	铝合金卷帘门（JLM−1）	樘	1	按设计图示数量计算 1 樘

工程名称：××商住楼 (续)

序号	分项工程名称	单位	工程量	计 算 式
54	铝合金卷帘门（JLM-2）	樘	3	按设计图示数量计算 3 樘
55	铝合金卷帘门（JLM-3）	樘	2	按设计图示数量计算 2 樘
56	铝合金卷帘门（JLM-4）	樘	2	按设计图示数量计算 2 樘
57	铝合金卷帘门（JLM-5）	樘	2	按设计图示数量计算 2 樘
58	塑钢平开门（LM-1）	樘	4	按设计图示数量计算 4 樘
59	塑钢平开窗（C-1）	樘	4	按设计图示数量计算 4 樘
60	塑钢推拉窗（C-2）	樘	50	按设计图示数量计算 50 樘
61	塑钢推拉窗（C-2′）	樘	1	按设计图示数量计算 1 樘
62	塑钢推拉窗（C-2″）	樘	4	按设计图示数量计算 4 樘
63	塑钢推拉窗（C-3）	樘	20	按设计图示数量计算 20 樘
64	塑钢推拉窗（C-3′）	樘	2	按设计图示数量计算 2 樘
65	塑钢推拉窗（C-4）	樘	5	按设计图示数量计算 5 樘
66	塑钢推拉窗（C-5）	樘	20	按设计图示数量计算 20 樘
67	塑钢推拉窗（C-6）	樘	20	按设计图示数量计算 20 樘
68	外墙面油漆	m²	1449.58	与序号43相同 1449.58m²

注：读者在学习工程量计算时，应着重学习其计算方法。

土建工程措施项目工程量计算见表2-2。

表2-2 土建工程措施项目工程量计算

工程名称：××商住楼

序号	分项工程名称	单位	结果	计 算 式
1	外墙砌筑脚手架	100m²	20.44	面积=长×高（定：长为外墙中心线，高为室外地坪至图示墙高） =(31.54+17.00)×2×(20.90+0.15)=97.08×21.05 =2043.53m²
2	内墙砌筑脚手架	100m²	38.73	面积=长×高（定：长为净长，高为净高） 序号41加序号42加门窗面积，3873.06m²
3	外墙脚手架挂安全网增加费用	100m²	20.64	面积=长×高（定：长为外墙边线，高为室外地坪至图示墙高） =(31.78+17.24)×2×(20.90+0.15)=98.04×21.05 =2063.74m²
4	垂直运输机械	100m²	26.83	按建筑面积计算 同序号0，2683.09m²

2.2 给水排水工程工程量计算过程

给水排水工程工程量计算过程见表2-3。

表2-3 给水排水工程工程量计算过程

工程名称：××商住楼

序号	分项工程名称	单位	工程量	计 算 式
1	镀锌钢管，DN80	m	12	按设计图示管道中心线长度以延长米计算，不扣除阀门、管件及各种井类所占长度，根据水1施比例量得 水平管长12m
2	镀锌钢管，DN70	m	28.8	按设计图示管道中心线长度以延长米计算，不扣除阀门、管件及各种井类所占长度，根据水施1比例量得 12.3+4.2+12.3=28.8m
3	镀锌钢管，DN50	m	77.9	按设计图示管道中心线长度以延长米计算，不扣除阀门、管件及各种井类所占长度，根据水施1比例量得 1. 水平管长 =12+15×2=42m 2. 立管长 =(17.6+0.35)×2=35.9m 3. 总长 =水平管长+立管长=42+35.9=77.9m

序号	分项工程名称	单位	工程量	计 算 式
4	镀锌钢管，DN40	m	143.8	按设计图示管道中心线长度以延长米计算，不扣除阀门、管件及各种井类所占长度，根据水施1比例量得 1. 水平管长 　= 12 + 15 × 4 = 72m 2. 立管长 　= (17.6 + 0.35) × 4 = 71.8m 3. 总长 　= 水平管长 + 立管长 = 72 + 71.8 = 143.8m
5	镀锌钢管，DN32	m	12	按设计图示管道中心线长度以延长米计算，不扣除阀门、管件及各种井类所占长度，根据水施1比例量得 水平管长12m
6	镀锌钢管，DN20	m	145.5	按设计图示管道中心线长度以延长米计算，不扣除阀门、管件及各种井类所占长度，根据水施1，6比例量得 1. 水平管长 　= (3 + 4 + 2) × 2 × 5 = 90m 2. 立管长 　= (2.05 + 0.9 + 0.3 + 1 + 1.3) × 2 × 5 = 55.5m 3. 总长 　= 水平管长 + 立管长 = 90 + 55.5 = 145.5m
7	塑料复合管，DN150	m	112	按设计图示管道中心线长度以延长米计算，不扣除阀门、管件及各种井类所占长度，根据水施1比例量得 水平管长 = 12 × 4 + 16 × 4 = 112m
8	塑料复合管，DN100	m	106.1	按设计图示管道中心线长度以延长米计算，不扣除阀门、管件及各种井类所占长度，根据水施1，7上下透视图比例量得 1. 水平管长 　= 3 + 17 × 2 + 16 × 2 = 69m 2. 立管长 　= (17.6 + 0.6 + 0.35) × 2 = 37.1m 3. 总长 　= 水平管长 + 立管长 = 69 + 37.1 = 106.1m
9	塑料复合管，DN75	m	106.2	按设计图示管道中心线长度以延长米计算，不扣除阀门、管件及各种井类所占长度，根据水施1，7上下透视图比例量得 1. 水平管长 　= 8 × 4 = 32m 2. 立管长 　= (17.6 + 0.6 + 0.35) × 4 = 74.2m 3. 总长 　= 水平管长 + 立管长 = 32 + 74.2 = 106.2m

序号	分项工程名称	单位	工程量	计 算 式
10	承插水泥管	m	42	按设计图示管道中心线长度以延长米计算，不扣除阀门、管件及各种井类所占长度，根据水施1，7上下透视图比例量得 32 + 10 = 42m
11	单向止回阀	个	6	6个
12	螺纹阀门 DN50	个	2	2个
13	螺纹阀门 DN40	个	8	8个
14	螺纹阀门 DN20	个	20	20个
15	水表 LXS—50C	组	20	20组
16	浴盆	组	20	20组
17	洗脸盆	组	22	22组
18	洗涤盆	组	25	25组
19	浴盆淋浴器	组	20	20组
20	坐式大便器	套	20	20套
21	蹲式大便器	套	1	1套
22	厨房水龙头 铜，DN15	个	20	20个
23	洗脸盆混合龙头 铜，DN15	个	20	20个
24	铸铁地漏 铸铁，DN50	个	45	45个
25	人工挖土方	m³	193.32	$\underset{深}{0.9} × \underset{宽}{0.6} × \underset{长}{(102 + 256)} = 193.32m^3$

2.3 电气工程工程量计算过程

电气工程工程量计算过程见表 2-4。

表 2-4 电气工程工程量计算过程

工程名称：××商住楼

序号	分项工程名称	单位	工程量	计算式
1	总照明箱（M1/DCX20）	台	4	按设计图示数量计算 4 台
2	总照明箱（Ms/DCX）	台	2	按设计图示数量计算 2 台
3	户照明箱	台	24	按设计图示数量计算 24 台
4	［低压］断路器（HSL1）	个	4	按设计图示数量计算 4 个
5	［低压］断路器（E4CB240CE）	个	25	按设计图示数量计算 25 个
6	［低压］断路器（C45N/2P）	个	40	按设计图示数量计算 $20 \times 2 = 40$ 个
7	［低压］断路器（C45N/1P）	个	60	按设计图示数量计算 $6 \times 10 = 60$ 个
8	延时开关	个	12	按设计图示数量计算 12 个
9	单板开关	个	12	按设计图示数量计算 $5 + 12 \times 5 = 65$ 个
10	双板开关	个	64	按设计图示数量计算 $12 \times 5 + 4 = 64$ 个
11	二、三极双联暗插座（F901F910ZS）	套	219	按设计图示数量计算 $23 + 36 \times 5 + 16 = 219$ 套
12	导线架设（BXF-35）	m	120	按设计图示尺寸的长度计算 $30 \times 4 = 120$m
13	导线架设（BXF-16）	m	120	按设计图示尺寸的长度计算 $30 \times 4 = 120$m

工程名称：××商住楼 （续）

序号	分项工程名称	单位	工程量	计算式
14	接地装置（-40×4 镀锌扁钢）	m	8	按设计图示尺寸的长度计算，根据电施工图比例量得 $4 \times 2 = 8$m
15	避雷装置	项	6	按设计图示数量计算 6 项
15	避雷网	m	216	按设计图示尺寸的长度计算，根据施工图比例量得 $108 \times 2 = 216$m
16	母线调试	段	2	2 段
17	接地电阻调试	系统	8	按图示系统计算 8 系统
18	G50 钢管	m	12.4	按设计图示的延长米计算，根据电施1,2比例量得 $(1.4 + 2.4 + 1.4 + 0.5 \times 2) \times 2 = 12.4$m
19	G25 钢管	m	143.2	按设计图示的延长米计算，根据电施1-4比例量得 $(14.8 + 4.2 \times 5) \times 4 = 143.2$m
20	SGM16 塑管	m	2916	按设计图示尺寸以延长米计算，不扣除管路中间的接线箱（盒）、灯头盒、开关盒所占长度 照明：2008m 电话、电视：908m 总长 = 照明 + 电话 = 2008 + 908 = 2916m
21	BV-35 铜线	m	24.8	按图示尺寸的单线延长米计算，根据电施1,2比例量得 $12.4 \times 2 = 24.8$m
22	BV-10 铜线	m	504	按图示尺寸的单线延长米计算，根据电施4比例量得 $(2.8 + 5.6 + 8.4 + 11.2 + 14) \times 3 \times 4 = 504$m
23	BV-4 铜线	m	1236	按图示尺寸的单线延长米计算，根据电施1-4比例量得 $(8.6 + 12) \times 3 \times 20 = 1236$m
24	BV-2.5 铜线	m	7418	按图示尺寸的单线延长米计算，根据电施1-4比例量得 7418m
25	吊灯	套	208	按图示数量计算，根据电施3-5得 $10 \times 20 + 8 = 208$ 套
26	吸顶灯	套	72	按图示数量计算，根据电施4得 $6 \times 2 \times 6 = 72$ 套

第3章　某商住楼施工图
工程量清单计价（招标标底）实例

3.1　建筑工程工程量清单计价编制

（招标标底封面）

××商住楼土建水电安装工程招标控制价

（招标标底）

招标控制价（小写）：4602139 元

（大写）：肆佰陆拾万零贰仟壹佰参拾玖元整

招 标 人： ××厅	工程造价 ××工程造价咨询企业
（单位盖章）	咨 询 人： 资质专用章
	（单位资质专用章）
法定代表人 张××（厅法定	法定代表人 王××（工程造价咨询企业
或其授权人： 代表人）	或其授权人： 法定代表人）
（签字或盖章）	（签字或盖章）
编 制 人：杨××	复 核 人： 刘××
（盖执业专用章）	（盖造价工程师执业专用章）
编制时间：×××年×月×日	复核时间：×××年×月×日

3.2　工程量清单计价总说明

总　说　明

工程名称：××商住楼

1. 工程概况：本工程建筑面积为 2683m²，底层是商场，2~6 为住宅。地上 6 层，底层是框架剪力墙结构，2~6 层是砖混结构，建筑高度 20.90m，基础是钢筋混凝土独立基础。
2. 招标范围：土建工程、装饰工程、电气工程、给水排水工程。
3. 工程质量要求：优良工程。
4. 工期：80d。
5. 编制依据：
   5.1　由××市建筑工程设计院设计的施工图 1 套（见本书附录）。
   5.2　由××厅编制的《××商住楼建筑工程施工招标书》及《××商住楼建筑工程招标答疑》。
   5.3　工程量清单计量根据《建设工程工程量清单计价规范》（GB 50500—2008）。
   5.4　工程量清单计价中的人工、材料、机械数量参考某省建筑、水电安装工程定额；其人工、材料、机械价格参考某省、某市造价管理部门有关文件或近期发布的材料价格，并调查市场价格后取定。
   5.5　人工工资按 31.00 元/（工日）计。
   5.6　垂直运输机械采用卷扬机，费用按×省定额单价表中规定计费。未考虑卷扬机进出场费。
   5.7　脚手架采用钢管脚手架，费用按×省定额单价表中规定计费。
   5.8　人工、材料、机械用量及单价参照某省消耗定额及估价表。
6. 工程量清单计价列表参考如下：

定额编号	项目名称		计算基数	费率（%）
A1	施工组织措施费			
A1-1	环境保护费		人工费+机械费	1.0
A1-2	文明施工费			
A1-2.1	其中	非市区工程	人工费+机械费	4.0
A1-2.2		市区工程	人工费+机械费	6.0
A1-3	安全施工费		人工费+机械费	5.0
A1-4	临时设施费		人工费+机械费	9.2
A1-5	夜间施工费		人工费+机械费	0.2
A1-6	缩短工期措施费			
A1-6.1	其中	缩短工期 10% 以内	人工费+机械费	2.5
A1-6.2		缩短工期 20% 以内	人工费+机械费	3.5
A1-6.3		缩短工期 30% 以内	人工费+机械费	4.5
A1-7	二次搬运费		人工费+机械费	1.3
A1-8	已完工程及设备保护费		人工费+机械费	0.1
A1-9	冬雨期施工增加费		人工费+机械费	3.0
A1-10	工程定位复测、工程点交、场地清理		人工费+机械费	4.5
A1-11	生产工具用具使用费		人工费+机械费	3.5
A2	企业管理费		人工费+机械费	24
A3	利润		人工费+机械费	17

工程名称：××商住楼

（续）

定额编号	项目名称	计算基数	费率（%）
A4	规费		
A4-1	社会保障费		
A4-1.1	养老保险费	分部（分项）项目清单人工费+施工技术措施项目清单人工费	35
A4-1.2	失业保险费	分部（分项）项目清单人工费+施工技术措施项目清单人工费	4
A4-1.3	医疗保险费	分部（分项）项目清单人工费+施工技术措施项目清单人工费	15
A4-2	住房公积金	分部（分项）项目清单人工费+施工技术措施项目清单人工费	20
A4-3	危险作业意外保险费	分部（分项）项目清单人工费+施工技术措施项目清单人工费	1.0
A4-4	工程排污费	按工程所在地环保部门规定计取	
A4-5	工程定额测定费	税前工程造价	0.124
A5	税金	分部（分项）工程项目清单费+措施项目清单费+其他项目清单费+规费	3.475

3.3 单项工程费汇总

单项工程费汇总见表3-1。

表3-1 单项工程费汇总

工程名称：××商住楼（招标标底）

序号	项目名称	金额/元	其中		
			暂估价/元	安全文明施工费/元	规费/元
1	土建工程	4424660		79572.68	366956
2	给水排水安装工程	92598			11416
3	电气安装工程	86298			8755
	合计	4602139		79572.68	387127

3.4 土建工程计价

3.4.1 土建工程单位工程费汇总

土建工程单位工程费汇总见表3-2。

表3-2 土建工程单位工程费汇总

工程名称：××商住楼（招标标底）

序号	项目名称	金额/元
1	分部（分项）工程工程量清单计价合计	3651877
2	措施项目清单计价合计	251938
3	其他项目计价合计	—
4	规费	366956
5	税前造价 3651877+251938+366956=4270771	4270771
6	工程定额测定费（税前造价×0.124%）=5296	5296
7	税金（税前造价+工程定额测定费）×3.475%=148593	148593
	合计 4270771+5294+148593=4424660	4424660

3.4.2 土建工程分部（分项）工程工程量清单计价表

土建工程分部（分项）工程工程量清单计价见表3-3。

表3-3 土建工程分部（分项）工程工程量清单计价

工程名称：××商住楼（招标标底）

序号	项目编码	项目名称	计量单位	工程数量	金额/元		其中暂估价
					综合单价	合价	
	A.1	土方工程					
1	010101001001	平整场地 1. 三类土，土方挖填找平 2. 弃土5m	m²	443.61	1.40	621.05	
2	010101003001	挖基础土方 1. 三类土，深2.0m 2. 弃土20m 3. 基底钎探	m³	973.35	7.37	7173.59	
3	010103001001	土方回填 就地回填，夯实	m³	897.87	13.16	11815.97	
		小计				19611	

22

序号	项目编码	项目名称	计量单位	工程数量	综合单价	合价	其中暂估价
		A.3　　砌筑工程					
4	010302001001	底层空心砖墙 空心砖，MU10，120厚，M5混合砂浆	m³	3.66	246.18	901.02	
5	010302001002	底层空心砖墙 实心砖，MU10，240厚，M5混合砂浆	m³	22.79	242.63	5529.54	
6	010304001001	二层至屋顶空心砖墙 MU10，240厚，M5混合砂浆	m³	594.53	242.63	144250.81	
7	010302006001	台阶 MU10，M5水泥砂浆	m³	16.70	1.47	24.55	
8	010302006002	蹲台 MU10，M5水泥砂浆	m³	0.86	1.47	1.26	
9	010303003001	砖窖井 1. 600×600×1000，实心砖，M7.5水泥砂浆 2. C25混凝土垫层，碎石粒径40mm	座	15	468.99	7034.85	
10	010303003002	水表井 1. 600×400×1000，实心砖，M7.5水泥砂浆 2. C25混凝土垫层，碎石粒径40mm	座	2	392.59	785.18	
11	010303003003	阀门井 1. 实心砖，M7.5水泥砂浆 2. C25混凝土垫层，碎石粒径40mm	座	6	392.59	2355.54	
12	010303004001	6#化粪池 1. 容积12.29m³，实心砖，M7.5水泥砂浆 2. C25混凝土垫层，碎石粒径40mm	座	1	9784.57	9784.57	
		小计				170667	

序号	项目编码	项目名称	计量单位	工程数量	综合单价	合价	其中暂估价
		A.4　　混凝土及钢筋混凝土工程					
13	010401001001	带形基础 1. C10素混凝土垫层 2. C30现浇钢筋混凝土，碎石粒径40mm	m³	15.16	5417.25	82125.51	
14	010401002001	独立基础 1. C10素混凝土垫层 2. C30现浇钢筋混凝土，碎石粒径40mm	m³	37.06	4387.13	162587.04	
15	010403001001	基础梁 C30现浇钢筋混凝土，碎石粒径40mm	m³	7.78	7381.82	57430.56	
16	010403001002	框架梁 C30现浇钢筋混凝土，碎石粒径40mm	m³	42.57	10036.20	427241.03	
17	010402001001	框架柱 C30现浇钢筋混凝土，400×400，高3.6m，碎石粒径40mm	m³	40.87	8715.62	356207.39	
18	010402001002	构造柱 C20现浇钢筋混凝土，碎石粒径40mm	m³	59.65	617.61	36840.44	
19	010403005001	圈梁 C20现浇钢筋混凝土，碎石粒径40mm	m³	83.12	538.28	44741.83	
20	010403005002	过梁 C20现浇钢筋混凝土，碎石粒径40mm	m³	16.38	683.21	11190.98	
21	010404001001	剪力墙 C30现浇钢筋混凝土，厚200~240mm，碎石粒径40mm	m³	36.71	635.28	23321.13	
22	010405002001	无梁板 C20现浇钢筋混凝土，碎石粒径40mm	m³	2066.81	642.51	1327946.09	

工程名称：××商住楼（招标标底） （续）

序号	项目编码	项目名称	计量单位	工程数量	综合单价	合价	其中暂估价
23	010405001001	有梁板 C20 现浇钢筋混凝土，碎石粒径40mm	m³	47.14	801.31	37773.75	
24	010405006001	栏板 1. 阳台栏板，C20 现浇钢筋混凝土，碎石粒径40mm 2. 女儿墙栏板，C20 现浇钢筋混凝土，碎石粒径40mm	m³	328.27	628.51	206320.98	
25	010406001001	楼梯 C20 现浇钢筋混凝土，碎石粒径40mm	m²	45.36	184.06	8348.96	
26	010407002001	散水 1. C20 现浇钢筋混凝土，碎石粒径40mm 2. C10 素混凝土垫层，碎石粒径40mm	m²	19.21	21.88	420.32	
27	010416001001	现浇混凝土钢筋（φ10 以内）	t	22.34	3313.26	74018.23	
28	010416001002	现浇混凝土钢筋（φ10 以上）	t	50.99	3358.26	171237.68	
		小计				3027752	
A.7		屋面及防水工程					
29	010701001001	玻璃纤维瓦屋面（屋面-1） 1. 20 厚 1:2 水泥砂浆找平 2. 挂瓦条 3. 851 防水涂膜防水层 4. 玻璃纤维瓦	m²	254.77	24.67	6285.18	
30	010803001001	保温隔热屋面（屋面-2） 1. 20 厚 1:2 水泥砂浆找平（双层） 2. 乳花沥青两遍 3. 1:10 水泥膨胀珍珠岩（最薄处30厚） 4. 改性沥青柔性油毡（Ⅱ形）防水层 5. 屋面缸砖	m²	143.3	28.96	4149.97	

工程名称：××商住楼（招标标底） （续）

序号	项目编码	项目名称	计量单位	工程数量	综合单价	合价	其中暂估价
31	010702004001	屋面排水管 UPVC 排水管，直径φ100	m	167	29.08	4856.36	
32	010702004002	雨水口 UPVC 雨水口	个	10	28.99	289.90	
33	010702004003	雨水斗 UPVC 雨水斗	个	10	29.08	290.80	
		小计				15872	
B.1		楼地面工程					
34	020101001001	水泥砂浆地砖地面 1. 地砖面层 2. 8 厚 1:1 水泥砂浆结合层 3. 15 厚 1:3 水泥砂浆找平层 4. 80 厚 C15 混凝土垫层 5. 80 厚碎石垫层 6. 素土分层夯实垫层	m²	431.12	23.28	10036.48	
35	020101001002	水泥砂浆楼面 1. 20 厚 1:2 水泥砂浆面层 2. 刷素水泥浆一道	m²	1535.44	8.29	12728.55	
36	020102002002	地砖楼面（防滑地砖） 1. 地砖面层 2. 刷素水泥浆一道 3. 8 厚 1:2 水泥砂浆找平层 4. 20 厚 1:1 水泥砂浆结合层 5. 刷素水泥浆一道	m²	351.40	25.98	9129.37	
37	020105001001	水泥砂浆踢脚板 1. 1:3 水泥砂浆打底，高150mm 2. 1:2 水泥砂浆抹面	m²	109.8	32.26	3542.15	
38	020106003001	水泥砂浆楼梯面 1. 20 厚 1:1:3 水泥砂浆打底 2. 1:2 水泥砂浆抹面	m²	85.54	15.89	1359.23	
39	020107001001	不锈钢扶手带栏杆 1. 不锈钢栏杆 φ25mm 2. 不锈钢扶手 φ70mm	m	58.34	456.78	26648.55	

序号	项目编码	项目名称	计量单位	工程数量	综合单价	合价	其中暂估价
					金额/元		
40	02010800101	水泥砂浆台阶 1. 20 厚 1:2 水泥砂浆面层 2. 100 厚 3:7 灰土垫层 3. 素土夯实垫层	m²	140.59	46.73	6569.77	
		小计				70014	
	B.2	墙、柱面工程					
41	020201001001	内墙面一般抹灰 1. 6 厚 1:1:6 水泥石灰砂浆底 2. 2 厚麻刀灰面	m²	2813.8	6.98	19640.32	
42	020201001002	内墙水泥砂浆抹灰（厨房及卫生间） 1. 12 厚 1:3 水泥砂浆底 2. 6 厚 1:2 水泥砂抹平	m²	553.44	9.52	5268.75	
43	020201002001	外墙抹灰 1. 12 厚 1:3 水泥砂浆底 2. 1:2 水泥砂浆面	m²	1449.58	9.62	13944.96	
44	020202001001	柱面一般抹灰 1. 厚 1:1:6 水泥石灰砂浆底 2. 2 厚麻刀灰面	m²	44.4	9.62	427.13	
45	020203001001	阳台栏板内侧抹灰 1. 12 厚 1:3 水泥砂浆底 2. 6 厚 1:2 水泥砂浆找平	m²	245.28	9.56	2344.88	
46	020204003001	内墙块料面层 1. 刷素水泥浆一道 2. 1:1 水泥砂浆面 3. 面砖	m²	553.44	42.46	23499.06	
		小计				65889	
	B.3	顶棚工程					
47	020301001001	顶棚抹灰（现浇板底） 1. 素水泥浆一道 2. 麻刀纸筋灰面	m²	9825.95	7.75	76151.11	
		小计				76151	

序号	项目编码	项目名称	计量单位	工程数量	综合单价	合价	其中暂估价
					金额/元		
	B.4	门窗工程					
48	020401001001	镶板木门（单扇 0.9m×2.1m） 1. 杉木 2. 普通五金 3. 润油粉一遍 4. 满刮腻子 5. 调和漆一遍 6. 磁漆两遍	樘	20	450.28	9005.60	
49	020401001002	双面胶合板门（JM-1） 1. 木框上钉 5mm 胶合板 2. 普通五金 3. 润油粉一遍 4. 满刮腻子 5. 调和漆一遍 6. 磁漆一遍	樘	22	435.21	9574.62	
50	020401001003	双面胶合板门（JM-3） 1. 杉木框上钉 5mm 胶合板 2. 普通五金 3. 润油粉一遍 4. 满刮腻子 5. 调和漆一遍 6. 磁漆两遍	樘	55	455.26	25039.3	
51	020401001004	双面胶合板门（JM-10） 1. 木框上钉 5mm 胶合板 2. 普通五金 3. 润油粉一遍 4. 满刮腻子 5. 调和漆一遍 6. 磁漆两遍	樘	20	445.28	8905.60	
52	020401001005	双面胶合板门（JM-136） 1. 杉木框上钉 5mm 胶合板 2. 普通五金 3. 润油粉一遍 4. 满刮腻子 5. 调和漆一遍 6. 磁漆两遍	樘	2	450.26	900.52	

序号	项目编码	项目名称	计量单位	工程数量	综合单价	合价	其中暂估价
53	020403002001	铝合金卷帘门（JLM－1）80系列，尺寸见图样	樘	1	1860.22	1860.22	
54	020403002002	铝合金卷帘门（JLM－2）80系列，尺寸见图样	樘	3	1960.22	5880.66	
55	020403002003	铝合金卷帘门（JLM－3）80系列，尺寸见图样	樘	2	1620.80	3241.60	
56	020403002004	铝合金卷帘门（JLM－4）80系列，尺寸见图样	樘	2	1520.82	3041.64	
57	020403002005	铝合金卷帘门（JLM－5）80系列，尺寸见图样	樘	2	1600.80	3201.6	
58	020402005001	塑钢平开门（LM－1）尺寸见图样	樘	4	1507.10	6028.4	
59	020406001001	塑钢推拉窗（C－1）铝合金12厚，90系列，白玻璃6mm厚，尺寸见图样	樘	4	326.08	1304.32	
60	020406001002	塑钢推拉窗（C－2）铝合金12厚，90系列，白玻璃6mm厚，尺寸见图样	樘	50	728.28	36414.00	
61	020406001003	塑钢推拉窗（C－2′）铝合金12厚，90系列，白玻璃6mm厚，尺寸见图样	樘	1	701.28	701.28	
62	020406001004	塑钢推拉窗（C－2″）铝合金12厚，90系列，白玻璃6mm厚，尺寸见图样	樘	4	682.20	2728.80	
63	020406001005	塑钢推拉窗（C－3）铝合金12厚，90系列，玻璃6mm厚，尺寸见图样	樘	20	680.20	13604.00	
64	020406001006	塑钢推拉窗（C－3′）铝合金12厚，90系列，白玻璃6mm厚，尺寸见图样	樘	2	632.82	1265.64	

序号	项目编码	项目名称	计量单位	工程数量	综合单价	合价	其中暂估价
65	020406001007	塑钢推拉窗（C－4）铝合金12厚，90系列，白玻璃6mm厚，尺寸见图样	樘	5	702.28	3511.40	
66	020406001008	塑钢推拉窗（C－5）铝合金12厚，90系列，白玻璃6mm厚，尺寸见图样	樘	20	1020.18	20403.60	
67	020406001009	塑钢推拉窗（C－6）铝合金12厚，90系列，白玻璃6mm厚，尺寸见图样	樘	20	2010.28	40205.60	
		小计				196818	
B.5		油漆工程					
68	020506001001	外墙面油漆 1. 满涂乳胶腻子两遍 2. 刷外墙漆两遍	m²	1449.58	6.28	9103.36	
		小计				9103	
		合计				3651877	

3.4.3　土建工程措施项目清单计价

土建工程措施项目清单计价见表3-4。

表3-4　土建工程措施项目清单计价

工程名称：××商住楼（招标标底）

序号	定额编号	项目名称	计量单位	工程数量或计算基数	综合单价或费率（%）	合价
1	A11－7	外墙砌筑脚手架	100m²	20.44	337.54	6933.07
2	A11－39	内墙砌筑脚手架	100m²	38.73	178.65	6918.98
3	A11－48	外墙脚手架挂安全网增加费用	100m²	20.64	975.82	20140.93
4	A12－7	垂直运输机械	100m²	26.83	250.32	6716.09
		小计				40709

工程名称：××商住楼（招标标底） （续）

序号	定额编号	项目名称	计量单位	工程数量或计算基数	金额/元 综合单价或费率（%）	金额/元 合价
5	A1-1	环境保护费	元	723388	1.0%	
6	A1-2.2	文明施工费	元	723388	6.0%	
7	A1-3	安全施工费	元	723388	5.0%	
8	A1-4	临时设施费	元	723388	9.2%	
9	A1-10	工程定位复测、工程交点、场地清理费	元	723388	4.5%	
10	A1-11	生产工具用具使用费	元	723388	3.5%	
		小计		723388	29.2%	211229
		合计				251938

3.4.4 土建工程其他项目清单计价

土建工程其他项目清单计价见表3-5。

表3-5 土建工程其他项目清单计价

工程名称：××商住楼（招标标底）

序号	项目名称	计量单位	金额/元	备 注
1	暂列金额			
2	暂估价			
2.1	材料暂估价			
2.2	专业工程暂估价			
3	计日工			
4	总承包服务费			
5	其他			
	合 计			

3.4.5 土建工程零星工作项目（计日工）计价

土建工程零星工作项目计价见表3-6。

表3-6 土建工程零星工作项目计价

工程名称：××商住楼（招标标底）

序 号	名 称	计量单位	工程数量	金额/元 综合单价	金额/元 合价
1	人工				
	小计				
2	材料				
	小计				
3	机械				
	小计				
	合计				

3.4.6 土建工程规费计价

土建工程规费计价见表3-7。

表3-7 土建工程规费计价

工程名称：××商住楼（招标标底）

序 号	定额编号	名 称	计量单位	计算基数	金额/元 费率（%）	金额/元 合价
1	A4-1	养老保险费	元	489275	35	
2	A4-1.2	失业保险费	元	489275	4	
3	A4-1.3	医疗保险费	元	489275	15	
4	A4-2	住房公积金	元	489275	20	
5	A4-3	危险作业意外保险费	元	489275	1.0	
		合计		489275	75	366956

3.4.7 土建工程分部（分项）工程工程量清单综合单价分析

土建工程分部（分项）工程工程量清单综合单价分析见表3-8。

表3-8 土建工程分部（分项）工程工程量清单综合单价分析

工程名称：××商住楼（招标标底）

项目编码	010101003001	项目名称	挖基础土方	计量单位	m³

清单综合单价组成明细

定额编号	定额名称	定额单位	数量	单价/元				合价/元			
				人工费	材料费	机械费	管理费和利润	人工费	材料费	机械费	管理费和利润
A1-140	挖土方，2m以内	1000m³	0.001	186.00		2334.03	1033.22	0.186		2.334	1.033
A1-155	弃土	1000m³	0.001	372.00		2067.87	1000.35	0.327		2.068	1.000
估价	基底钎探	m²	1.00	0.22		0.09	0.11	0.22		0.09	0.11
人工单价		小计						0.733		4.49	2.143
31（元/工日）		未计价材料费									

清单项目综合单价		7.37

主要材料名称、规格、型号	单位	数量	单价/元	合价/元	暂估单价/元	暂估合价/元
材料费明细						
其他材料费						
材料费小计						

工程名称：××商住楼（招标标底） （续）

项目编码	010302001001	项目名称	底层空心砖墙120厚	计量单位	m³

清单综合单价组成明细

定额编号	定额名称	定额单位	数量	单价/元				合价/元			
				人工费	材料费	机械费	管理费和利润	人工费	材料费	机械费	管理费和利润
A3-15	底层空心砖墙120厚	m³	1.00	41.76	185.13	1.54	17.75	41.76	185.13	1.54	17.75
人工单价		小计						41.76	185.13	1.54	17.75
31（元/工日）		未计价材料费									

清单项目综合单价		246.18

	主要材料名称、规格、型号	单位	数量	单价/元	合价/元	暂估单价/元	暂估合价/元
	标准砖	百块	0.180	25.75	4.635		
材料费明细	多孔砖	百块	3.420	46.16	157.87		
	混合砂浆 M5	m³	0.15	149.66	22.449		
	水	m³	0.121	1.46	0.177		
	其他材料费						
	材料费小计				185.13		

注：1. 人工费＝人工单价×工日数
    2. 机械费＝台班单价×台班数
    3. 管理费＝（人工费＋机械费）×24%
    4. 利润＝（人工费＋机械费）×17%

3.4.8 土建工程人工工日及材料分析

土建工程人工工日及材料分析见表3-9。

表3-9 土建工程人工工日及材料分析

工程名称：××商住楼（招标标底）

序 号	项目名称	定额编号	工程内容	单 位	数 量	人工工日/工日								...
						单数	合数							...
	A.1		土方工程											
1	平整场地	A1-26	平整场地	m²	443.61	0.032	14.20							...
2	挖基础土方	A1-140	挖土方	1000m³	0.973	6.000	5.84							
		A1-155	弃土	1000m³	0.973	6.000	5.84							
		暂估价	基底钎探	m²	466.96	0.011	5.14							...
3	基础土方回填	A1-29	基础土方回填	m³	897.87	0.244	219.08							
	小计						250							
	A.3		砌筑工程			人工工日/工日		多孔砖/百块		水泥32.5/t		中砂/t		...
						单数	合数	单数	合数	单数	合数	单数	合数	
4	底层空心砖墙120厚	A3-15	底层空心砖墙120厚	m³	3.66	1.347	4.93	3.420	12.50	0.028	0.103	0.023	0.084	
...	...	...	...	...	...	...	...	...	...					

3.4.9 土建工程主要材料价格

土建工程主要材料价格见表3-10。

表3-10 土建工程主要材料价格

工程名称：××商住楼（招标标底）

序 号	名称规格	单 位	数 量	单价/元	合价/元
1	圆钢φ10以内	t	22.34	3313.26	74018.23
2	圆钢Ⅱ级φ10以上	t	50.99	3328.26	169707.98
3	水泥32.5	t	456.12	222.32	101404.60
4	中砂	t	...	...	...
...	......				

3.5 给水排水工程计价

3.5.1 给水排水工程单位工程费汇总

给水排水工程单位工程费汇总见表3-11。

表3-11 给水排水工程单位工程费汇总

工程名称：××商住楼（招标标底）

序 号	项目名称	金额/元
1	分部（分项）工程工程量清单计价合计	76105
2	措施项目清单计价合计	1856
3	其他项目计价合计	—
4	规费	11416
5	税前造价 76105+1856+11416=89377	89377
6	工程定额测定费（税前造价×0.124%）=111	111
7	税金（税前造价+工程定额测定费）×3.475%=3110	3110
	合计（税前造价+工程定额测定费+税金）	92598

3.5.2　给水排水工程分部（分项）工程工程量清单计价

给水排水工程分部（分项）工程工程量清单计价见表3-12。

表 3-12　给水排水工程分部（分项）工程工程量清单计价

工程名称：××商住楼（招标标底）

序号	项目编码	项目名称	计量单位	工程数量	综合单价	合价	其中暂估价
1	030801001001	镀锌钢管 DN80，室外，给水，螺纹联接	m	12	46.51	558.12	
2	030801001002	镀锌钢管 DN70，室外，给水，螺纹联接	m	28.8	43.21	1244.49	
3	030801001003	镀锌钢管 DN50，室内，给水，螺纹联接	m	77.9	39.62	3086.40	
4	030801001004	镀锌钢管 DN40，室内，给水，螺纹联接	m	143.8	32.80	4716.64	
5	030801001005	镀锌钢管 DN32，室内，给水，螺纹联接	m	12	28.60	343.20	
6	030801001006	镀锌钢管 DN20，室内，给水，螺纹联接	m	145.5	25.00	3637.50	
7	030801005001	塑料复合管 DN150，室内，排水，零件粘接	m	112	83.28	9327.36	
8	030801005002	塑料复合管 DN100，室内，排水，零件粘接	m	106.1	62.06	6584.57	
9	030801005003	塑料复合管 DN75，室内，排水，零件粘接	m	106.2	48.08	5106.10	
10	030801012001	承插水泥管 φ300，室外，排水	m	42	48.09	2019.78	
11	030803001001	单向止回阀	个	6	98.30	589.80	
12	030803001002	螺纹阀门 DN50	个	2	85.60	171.20	
13	030803001003	螺纹阀门 DN40	个	8	62.28	498.24	
14	030803001003	螺纹阀门 DN20	个	20	30.53	610.60	
15	030803010001	水表 LXS—50C	组	20	56.63	1132.60	
16	030804001001	浴盆 1200×65，搪瓷	组	20	532.26	10645.60	
17	030804003001	洗脸盆	组	22	235.92	5190.24	
18	030804005001	洗涤盆 陶瓷	组	25	180.00	4500.00	
19	030804007001	浴盆淋浴器 单柄浴混合龙头	组	20	38.78	775.60	

工程名称：××商住楼（招标标底）　　　　　　　　　　　　　　　　　　　　（续）

序号	项目编码	项目名称	计量单位	工程数量	综合单价	合价	其中暂估价
20	030804012001	坐式大便器	套	20	250.28	5005.60	
21	030804012002	蹲式大便器	套	1	83.29	83.29	
22	030804016001	厨房水龙头 铜，DN15	个	20	8.98	179.60	
23	030804016002	洗脸盆混合龙头 铜，DN15	个	20	32.00	640.00	
24	030804017001	铸铁地漏 铸铁，DN50	个	45	52.18	2348.10	
25	010101006001	人工挖土方	m³	193.32	36.78	7110.31	
		合计				76105	

3.5.3　给水排水工程措施项目清单计价

给水排水工程措施项目清单计价见表3-13。

表 3-13　给水排水工程措施项目清单计价

工程名称：××商住楼（招标标底）

序号	项目名称	金额/元
1	冬雨期施工费（人＋机）×3.0%	
2	临时设施费（人＋机）×9.2%	
	合　计（人＋机）×12.2%	1856.00

3.5.4　给水排水工程其他项目清单计价

给水排水工程其他项目清单计价见表3-14。

表 3-14　给水排水工程其他项目清单计价

工程名称：××商住楼（招标标底）

序号	项目名称	计量单位	金额/元	备注
1	暂列金额			
2	暂估价			
2.1	材料暂估价			
2.2	专业工程暂估价			
3	计日工			
4	总承包服务费			
5	其他			
	合　计			

3.5.5 给水排水工程零星工作项目（计日工）计价

给水排水工程零星工作项目计价见表3-15。

表3-15　给水排水工程零星工作项目计价

工程名称：××商住楼（招标标底）

序号	名称	计量单位	工程数量	金额/元	
				综合单价	合价
1	人工				
	小计				
2	材料				
	小计				
3	机械				
	小计				
	合计				

3.5.6 给水排水工程规费计价

给水排水工程规费计价见表3-16。

表3-16　给水排水工程规费计价

工程名称：××商住楼（招标标底）

序号	定额编号	名称	计量单位	计算基数	金额/元	
					费率（%）	合价
1	A4-1	养老保险费	元	15221	35	
2	A4-1.2	失业保险费	元	15221	4	
3	A4-1.3	医疗保险费	元	15221	15	
4	A4-2	住房公积金	元	15221	20	
5	A4-3	危险作业意外保险费	元	15221	1.0	
		合计		15221	75	11416

3.5.7 给水排水工程分部（分项）工程工程量清单综合单价分析

给水排水工程分部（分项）工程工程量清单综合单价分析见表3-17。

表3-17　给水排水工程分部（分项）工程工程量清单综合单价分析

工程名称：××商住楼（招标标底）

项目编码	010801001001	项目名称	镀锌钢管DN80	计量单位	m

清单综合单价组成明细

定额编号	定额名称	定额单位	数量	单价/元				合价/元			
				人工费	材料费	机械费	管理费和利润	人工费	材料费	机械费	管理费和利润
C8-23	镀锌钢管DN80，螺纹连接	10m	0.1	99.90	319.13	4.34	38.64	9.99	31.913	0.434	3.864
8-210(套)	管道消毒，冲洗	100m	0.01	15.96	9.71		6.13	0.15	0.097		0.0613
人工单价			小计					10.14	32.01	0.434	3.93
31(元/工日)			未计价材料费								
清单项目综合单价									46.51		

	主要材料名称、规格、型号	单位	数量	单价/元	合价/元	暂估单价/元	暂估合价/元
材料费明细	镀锌钢管DN80	10m	0.1	319.13	31.913		
	管道消毒，冲洗	100m	0.01	9.71	0.097		
	其他材料费						
	材料费小计				32.01		

注：1. 人工费=人工单价×工日数

2. 机械费=台班单价×台班数

3. 管理费=（人工费+机械费）×24%

4. 利润=（人工费+机械费）×17%

3.5.8 给水排水工程人工工日分析

给水排水工程人工工日分析见表3-18。

表 3-18　给水排水工程人工工日分析

工程名称：××商住楼（招标标底）

序号	项目编码	项目名称	定额编号	工程内容	单位	数量	人工工日/工日	
							单数	合数
1	010801001001	镀锌钢管 DN80		镀锌钢管 DN80	m	12		
			C8-23	镀锌钢管 DN80	10m	1.20	2.900	3.48
			8-210（套）	管道消毒，冲洗	100m	0.12	0.481	0.06
2	010801001002	镀锌钢管 DN70		镀锌钢管 DN70	m	28.80		
			C8-22	镀锌钢管 DN70	10m	2.88	2.740	7.89
			8-209（套）	管道消毒，冲洗	100m	0.29	0.481	0.14
…	…	…						

3.5.9 给水排水工程主要材料价格

给水排水工程主要材料价格见表3-19。

表 3-19　给水排水工程主要材料价格

工程名称：××商住楼（招标标底）

序号	名称规格	单位	数量	单价/元	合价/元
1	洗脸盆	套	22	162.07	3565.54
2	浴盆淋浴器	套	25	32.26	806.5
3	坐式大便器	套	20	238.12	4762.40
4	蹲式大便器	套	1	72.38	72.38
…	…	…	…	…	…

3.6 电气工程计价

3.6.1 电气工程单位工程费汇总

电气工程单位工程费汇总见表3-20。

表 3-20　电气工程单位工程费汇总

工程名称：××商住楼（招标标底）

序号	项目名称	金额/元
1	分部（分项）工程工程量清单计价合计	58364
2	措施项目清单计价合计	16177
3	其他项目计价合计	—
4	规费	8755
5	税前造价 58364+16177+8755＝83296	83296
6	工程定额测定费（税前造价×0.124%）＝104	104
7	税金（税前造价＋工程定额测定费）×3.475%＝2898	2898
	合计（税前造价＋工程定额测定费＋税金）	86298

3.6.2 电气工程分部（分项）工程工程量清单计价

电气工程分部（分项）工程工程量清单计价见表3-21。

表 3-21　电气工程分部（分项）工程工程量清单计价

工程名称：××商住楼（招标标底）

序号	项目编码	项目名称	计量单位	工程数量	综合单价	合价	其中暂估价
1	030204018001	总照明箱（M1/DCX20）箱体安装	台	4	284.35	1137.4	
2	030204018002	总照明箱（Ms/DCX）箱体安装	台	2	92.42	184.84	
3	030204018003	户照明箱（XADP-P110）箱体安装	台	24	158.7	3808.80	
4	030204031001	［低压］断路器（HSL1）	个	4	97.68	390.72	
5	030204031002	［低压］断路器（E4CB240CE）	个	25	95.87	2396.75	
6	030204031003	［低压］断路器（C45N/2P）	个	40	66.72	2668.80	
7	030204031004	［低压］断路器（C45N/1P）	个	60	42.56	2553.60	
8	030204031005	延时开关	个	12	38.28	459.36	
9	030204031006	单板开关	个	12	7.28	87.36	
10	030204031007	双板开关	个	64	10.28	657.92	
11	030204031001	二、三极双联暗插座（F901F910ZS）	套	219	15.82	3464.58	
12	030210002001	导线架设（BXF-35） 1. 导线架设 2. 导线进户架设 3. 进户横担安装	m	120	9.70	1164.00	

序号	项目编码	项目名称	计量单位	工程数量	金额/元 综合单价	金额/元 合价	其中暂估价
13	030210002002	导线架设（BXF－16） 1. 导线架设 2. 导线进户架设 3. 进户横担安装	m	120	5.60	672.00	
14	030209001001	接地装置（－40×4镀锌扁铁） 接地母线敷设	m	8	86.48	691.84	
15	030209002001	避雷装置（避雷网φ10镀锌圆钢，引下线利用构造柱内钢筋，接地母线－40×4镀锌扁铁） 1. 避雷带制作 2. 断接卡子制作、安装 3. 接线制作 4. 接地母线制、安	项	6	1748.23	10489.38	
16	030211006001	母线调试	段	2	182.98	365.96	
17	030211008001	接地电阻测试	系统	8	172.02	1376.16	
18	030212001001	G50钢管 1. 刨沟槽 2. 电线管路敷设 3. 接线盒，插座盒等安装 4. 防腐油漆	m	12.4	12.28	152.27	
19	030212001002	G25钢管 1. 刨沟槽 2. 电线管路敷设 3. 接线盒，插座盒等安装 4. 防腐油漆	m	143.2	9.28	1328.90	
20	030212001003	SGM16塑管 1. 刨沟槽 2. 电线管路敷设 3. 接线盒，插座盒等安装 4. 防腐油漆	m	2916	2.86	8339.76	
21	030212003001	BV－35铜线 1. 配线 2. 管内穿线	m	24.8	6.28	155.74	
22	030212003002	BV－10铜线 1. 配线 2. 管内穿线	m	504	2.14	1078.56	

序号	项目编码	项目名称	计量单位	工程数量	金额/元 综合单价	金额/元 合价	其中暂估价
23	030212003003	BV－4铜线 1. 配线 2. 管内穿线	m	1236	1.64	2027.04	
24	030212003004	BV－2.5铜线 1. 配线 2. 管内穿线	m	7418	0.82	6082.76	
25	030213001001	吊灯 安装	套	208	4.87	1012.96	
26	030212003002	吸顶灯 安装	套	72	78.00	5616.00	
		合计				58364	

3.6.3 电气工程措施项目清单计价

电气工程措施项目清单计价见表3-22。

表3-22　电气工程措施项目清单计价

工程名称：××商住楼（招标标底）

序　号	项　目　名　称	金额/元
1	冬雨期施工费（人＋机）×3.0%	
2	临时设施费（人＋机）×9.2%	
	合　计（人＋机）×12.2%	16177

3.6.4 电气工程其他项目清单计价

电气工程其他项目清单计价见表3-23。

表3-23　电气工程其他项目清单计价

工程名称：××商住楼（招标标底）

序　号	项　目　名　称	计量单位	金额/元	备注
1	暂列金额			
2	暂估价			
2.1	材料暂估价			
2.2	专业工程暂估价			
3	计日工			
4	总承包服务费			
5	其他			
	合　计			

3.6.5 电气工程零星工作项目（计日工）计价

电气工程零星工作项目计价见表3-24。

表3-24 电气工程零星工作项目计价

工程名称：××商住楼（招标标底）

序 号	名 称	计量单位	工程数量	金额/元	
				综合单价	合价
1	人工				
	小计				
2	材料				
	小计				
3	机械				
	小计				
	合计				

3.6.6 电气工程规费计价

电气工程规费计价见表3-25。

表3-25 电气工程规费计价

工程名称：××商住楼（招标标底）

序号	定额编号	名 称	计量单位	计算基数	金额/元	
					费率（%）	合价
1	A4－1	养老保险费	元	11673	35	
2	A4－1.2	失业保险费	元	11673	4	
3	A4－1.3	医疗保险费	元	11673	15	
4	A4－2	住房公积金	元	11673	20	
5	A4－3	危险作业意外保险费	元	11673	1.0	
		合计		11673	75	8755

3.6.7 电气工程分部（分项）工程工程量清单综合单价分析

电气工程分部（分项）工程工程量清单综合单价分析见表3-26。

表3-26 电气工程分部（分项）工程工程量清单综合单价分析

工程名称：××商住楼（招标标底）

项目编码	030204031003	项目名称	户照明箱（XADP-P110）	计量单位	台

清单综合单价组成明细										
定额编号	定额名称	定额单位	数量	单价/元				合价/元			
				人工费	材料费	机械费	管理费和利润	人工费	材料费	机械费	管理费和利润
C2-274	户照明箱，制安	台	1	84.20	32.80	5.07	36.61	84.20	32.80	5.07	36.61
人工单价			小计					84.20	32.80	5.07	36.61
31（元/工日）			未计价材料费								
清单项目综合单价								158.68			

	主要材料名称、规格、型号	单位	数量	单价/元	合价/元	暂估单价/元	暂估合价/元
材料费明细	户照明箱（XADP-P110）	台	1	32.80	32.80		
	其他材料费						
	材料费小计				32.80		

注：1. 人工费 = 人工单价×工日数。
2. 机械费 = 台班单价×台班数。
3. 管理费 =（人工费 + 机械费）×24%。
4. 利润 =（人工费 + 机械费）×17%。

3.6.8 电气工程人工工日分析

电气工程人工工日分析见表3-27。

表 3-27　电气工程人工工日分析

工程名称：××商住楼（招标标底）

序号	项目编码	项目名称	定额编号	工程内容	单位	数量	人工工日/工日	
							单数	合数
1	030204018001	总照明（M1/DCX20）			台	4		
			C2－272	总照明箱，制作安装	台	4	1.746	6.98
2	030204018002	总照明箱（Ms/DCX）			台	2		
			C2－271	总照明箱，制作安装	台	2	1.455	2.91
3	030204031003	户照明（MADP－P110）			台	24		
			C2－274	户照明箱，制作安装	台	24	2.716	65.18
4	030204031001	［低压］断路器（HSL1）			个	4		
			C2－275	［低压］断路器	个	4	0.970	3.88
…	…	…	…	…	…	…	…	…
12	030210002001	导线架设（BXF35）			m	120		
			C2－963	导线进户架设	100m	1.20	0.844	1.01
			C2－937	进户横担安装	根	1	0.359	0.36
…	…	…	…	…	…	…	…	…

3.6.9 电气工程主要材料价格

电气工程主要材料价格见表3-28。

表 3-28　电气工程主要材料价格

工程名称：××商住楼（招标标底）

序　号	名　称　规　格	单　位	数　量	单价/元	合价/元
1	吊灯	套	208	4.26	886.08
2	成套灯具（半圆吸顶灯/D＝300m 以内）	套	72	52.00	3744.00
3	双板开关	个	64	7.98	510.72
4	二、三极双联暗插座	套	219	12.39	2713.41
5	跷板暗开关（单控单联5/10A/220V）	个	12	7.28	87.36
…	…		…	…	…

第4章 某商住楼施工图 工程量清单报价（投标标底）实例

4.1 建筑工程工程量清单报价编制

××商住楼土建水电安装工程工程量清单报价书

（投标标底）

投　　　　标　　　　人：　　　××建筑公司　　　（单位签字盖章）

法　定　代　表　人：　　　　张××　　　　（签字盖章）

造价工程师及注册证号：　　　　王××　　　（签字盖执业专用章）

编　制　时　间：　　　×年×月×日

4.2 投标总价

投　标　总　价

招　　标　　人：　　　　××厅　　　　

工　程　名　称：　　××商住楼土建水电安装工程

投标总价（小写）：　　　4212356　元

（大写）：　　肆佰贰拾壹万贰仟参佰伍拾陆元整

投　　标　　人：　　　　××建筑公司　　　（单位盖章）

法　定　代　表　人
或　其　授　权　人：　　　　张××　　　（签字盖章）

编　　　制　　　人：　　　　王××　　　（盖专用章）

编　制　时　间：　　　×年×月×日

4.3 工程量清单投标报价总说明

总 说 明

工程名称：××商住楼（投标标底）

1. 编制依据：
   1.1 招标方提供的××楼土建、招标邀请书、招标答疑等招标文件。
2. 编制说明：
   2.1 经我公司核算招标方招标书中公布的"工程量清单"中的工程数量基本无误。
   2.2 我公司编制的该工程施工方案，基本与招标文件的施工方案相似，所以措施项目与标底采用的一致。
   例：土方基槽挖深1m以内，故在报价内也未考虑挖槽的放坡费用。
   2.3 我公司实际进行市场调查后，建筑材料市场价格确定如下：
   2.3.1 钢材：经我方掌握的市场信息，该材料价格趋下降形式，故钢材报价在标底价的基础上下降1%。
   2.3.2 砂、石材料因该工程在远郊，且工程附近1000m处有一砂石场，故砂、石材料报价在标底价上下浮动5%。
   2.3.3 其他所有材料均在×市建设工程造价主管部门发布某月市场材料价格上下浮动2%。
3. 人工工资按31.00（元/工日）计。
4. 按我公司目前资金和技术能力、该工程各项施工费率值取定如下：

定额编号	项目名称		计算基数	费率（%）
A1	施工组织措施费			
A1-1	环境保护费		人工费+机械费	0.4
A1-2	文明施工费			
A1-2.1	其中	非市区工程	人工费+机械费	3.2
A1-2.2		市区工程	人工费+机械费	4.0
A1-3	安全施工费		人工费+机械费	3.0
A1-4	临时设施费		人工费+机械费	4.8
A1-5	夜间施工费		人工费+机械费	0.1
A1-6	缩短工期措施费			
A1-6.1	其中	缩短工期10%以内	人工费+机械费	0.2
A1-6.2		缩短工期20%以内	人工费+机械费	2.5
A1-6.3		缩短工期30%以内	人工费+机械费	3.5
A1-7	二次搬运费		人工费+机械费	0.9
A1-8	已完工程及设备保护费		人工费+机械费	0.1
A1-9	冬雨期施工增加费		人工费+机械费	1.3
A1-10	工程定位复测、工程点交、场地清理费		人工费+机械费	2.0
A1-11	生产工具用具使用费		人工费+机械费	1.8
A2	企业管理费		人工费+机械费	19
A3	利润		人工费+机械费	13

工程名称：××商住楼（投标标底）

（续）

定额编号	项目名称	计算基数	费率（%）
A4	规费		
A4-1	社会保障费		
A4-1.1	养老保险费	分部分项目清单人工费	20
A4-1.2	失业保险费	分部分项目清单人工费	2
A4-1.3	医疗保险费	分部分项目清单人工费+施工技术措施项目清单人工费	8
A4-2	住房公积金	分部分项目清单人工费+施工技术措施项目清单人工费	10
A4-3	危险作业意外保险费	分部分项目清单人工费+施工技术措施项目清单人工费	0.5
A4-4	工程排污费	按工程所在地环保部门规定计取	
A4-5	工程定额测定费	税前工程造价	0.124
A5	税金	分部分项工程项目清单费+措施项目清单费+其他项目清单费+规费	3.475

4.4 单项工程费汇总

单项工程费汇总见表4-1。

表4-1 单项工程费汇总

工程名称：××商住楼（投标标底）

序号	项目名称	金额/元	其中		
			暂估价/元	安全文明施工费/元	规费/元
1	土建工程	4057528		50637.16	198156
2	给水排水安装工程	83076			4863
3	电气安装工程	71752			4596
	合 计	4212356		50637	207615

4.5 土建工程报价

4.5.1 土建工程单位工程费汇总

土建工程单位工程费汇总见表4-2。

表4-2 土建工程单位工程费汇总

工程名称：××商住楼（投标标底）

序号	项目名称	金额/元
1	分部（分项）工程工程量清单计价合计	3568543
2	措施项目清单计价合计	149709
3	其他项目计价合计	—
4	规费	198156
5	税前造价 3568543 + 149709 + 198156 = 3916408	3916408
6	工程定额测定费（税前造价×0.124%）＝4856	4856
7	税金（税前造价＋工程定额测定费）×3.475%＝136264	136264
	合　计（税前造价＋工程定额测定费＋税金）	4057528

4.5.2 土建工程分部（分项）工程工程量清单报价

土建工程分部（分项）工程工程量清单报价见表4-3。

表4-3 土建工程分部（分项）工程工程量清单报价

工程名称：××商住楼（投标标底）

序号	项目编码	项目名称	计量单位	工程数量	综合单价	合价	其中暂估价
		A.1　　土方工程					
1	010101001001	平整场地 1. 三类土，土方挖填找平 2. 弃土 5m	m²	443.61	1.31	581.13	
2	010101003001	挖基础土方 1. 三类土，深 2.0m 2. 弃土 20m 3. 基底钎探	m³	973.35	6.90	6716.12	
3	010103001001	土方回填 就地回填，夯实	m³	897.87	12.31	11052.78	
		小计				18350	

工程名称：××商住楼（投标标底）　　　　　　　　　　（续）

序号	项目编码	项目名称	计量单位	工程数量	综合单价	合价	其中暂估价
		A.3　　砌筑工程					
4	010302001001	底层空心砖墙 空心砖，MU10，120 厚，M5混合砂浆	m³	3.66	242.29	886.78	
5	010302001002	底层空心砖墙 实心砖，MU10，240 厚，M5混合砂浆	m³	22.79	237.16	5404.88	
6	010304001001	二层至屋顶空心砖墙 MU10，240 厚，M5 混合砂浆	m³	594.53	237.16	140998.74	
7	010302006001	台阶 MU10，M5 水泥砂浆	m³	16.70	1.44	24.05	
8	010302006002	蹲台 MU10，M5 水泥砂浆	m³	0.86	1.44	1.24	
9	010303003001	砖窨井 1. 600×600×1000，实心砖，M7.5 水泥砂浆 2. C25 混凝土垫层，碎石粒径40mm	座	15	458.64	6879.60	
10	010303003002	水表井 1. 600×400×1000，实心砖，M7.5 水泥砂浆 2. C25 混凝土垫层，碎石粒径40mm	座	2	384.16	768.32	
11	010303003003	阀门井 1. 实心砖，M7.5 水泥砂浆 2. C25 混凝土垫层，碎石粒径40mm	座	6	384.16	2304.96	
12	010303004001	6#化粪池 1. 容积 12.29m³，实心砖，M7.5 水泥砂浆 2. C25 混凝土垫层，碎石粒径40mm	座	1	9588.32	9588.32	
		小计				166857	

序号	项目编码	项目名称	计量单位	工程数量	综合单价	合价	其中暂估价
	A.4	混凝土及钢筋混凝土工程					
13	010401001001	带形基础 1. C10 素混凝土垫层 2. C30 现浇钢筋混凝土，碎石粒径 40mm	m³	15.16	5308.66	80479.29	
14	010401002001	独立基础 1. C10 素混凝土垫层 2. C30 现浇钢筋混凝土，碎石粒径 40mm	m³	37.06	4299.26	159330.58	
15	010403001001	基础梁 C30 现浇钢筋混凝土，碎石粒径 40mm	m³	7.78	7233.38	56275.70	
16	010403001002	框架梁 C30 现浇钢筋混凝土，碎石粒径 40mm	m³	42.57	9835.28	418687.87	
17	010402001001	框架柱 C30 现浇钢筋混凝土，400×400，高 3.6m，碎石粒径 40mm	m³	40.87	8540.7	349058.41	
18	010402001002	构造柱 C20 现浇钢筋混凝土，碎石粒径 40mm	m³	59.65	605.25	36103.16	
19	010403005001	圈梁 C20 现浇钢筋混凝土，碎石粒径 40mm	m³	83.12	527.46	43842.48	
20	010403005002	过梁 C20 现浇钢筋混凝土，碎石粒径 40mm	m³	16.38	669.55	10967.23	
21	010404001001	剪力墙 C30 现浇钢筋混凝土，厚200~240mm，碎石粒径 40mm	m³	36.71	622.30	22844.63	
22	010405002001	无梁板 C20 现浇钢筋混凝土，碎石粒径 40mm	m³	2066.81	629.16	1300354.18	
23	010405001001	有梁板 C20 现浇钢筋混凝土，碎石粒径 40mm	m³	47.14	784.98	37003.96	
24	010405006001	栏板 1. 阳台栏板，C20 现浇钢筋混凝土，碎石粒径 40mm 2. 女儿墙栏板，C20 现浇钢筋混凝土，碎石粒径 40mm	m³	328.27	615.46	202037.05	
25	010406001001	楼梯 C20 现浇钢筋混凝土，碎石粒径 40mm	m²	45.36	180.32	8179.32	
26	010407002001	散水 1. C20 现浇钢筋混凝土，碎石粒径 40mm 2. C10 素混凝土垫层，碎石粒径 40mm	m²	19.21	20.58	395.34	
27	010416001001	现浇混凝土钢筋（φ10 以内）	t	22.34	3246.74	72523.17	
28	010416001002	现浇混凝土钢筋（φ10 以上）	t	50.99	3292.84	167799.93	
		小计				2965891	
	A.7	屋面及防水工程					
29	010701001001	玻璃纤维瓦屋面（屋面-1） 1. 20 厚 1:2 水泥砂浆找平 2. 挂瓦条 3. 851 防水涂膜防水层 4. 玻璃纤维瓦	m²	254.77	23.52	5992.19	
30	010803001001	保温隔热屋面（屋面-2） 1. 20 厚 1:2 水泥砂浆找平（双层） 2. 乳花沥青二遍 3. 1:10 水泥膨胀珍珠岩（最薄处 30 厚） 4. 改性沥青柔性油毡（Ⅱ型）防水层 5. 屋面缸砖	m²	143.3	27.46	3935.02	

序号	项目编码	项目名称	计量单位	工程数量	综合单价	合价	其中暂估价
					金额/元		
31	010702004001	屋面排水管 UPVC 排水管，直径100	m	167	28.42	4746.14	
32	010702004002	雨水口 UPVC 雨水口	个	10	27.47	274.70	
33	010702004003	雨水斗 UPVC 雨水斗	个	10	28.42	284.20	
		小计				15232	
	B.1	楼地面工程					
34	020101001001	水泥砂浆地砖地面 1. 地砖面层 2. 8 厚 1:1 水泥砂浆结合层 3. 15 厚 1:3 水泥砂浆找平层 4. 80 厚 C15 混凝土垫层 5. 80 厚碎石垫层 6. 素土分层夯实垫层	m²	431.12	23.82	9838.16	
35	020101001002	水泥砂浆楼面 1. 20 厚 1:2 水泥砂浆面层 2. 刷素水泥浆一道	m²	1535.44	8.13	12483.13	
36	020102002002	地砖楼面（防滑地砖） 1. 地砖面层 2. 刷素水泥浆一道 3. 8 厚 1:2 水泥砂浆找平层 4. 20 厚 1:1 水泥砂浆结合层 5. 刷素水泥浆一道	m²	351.40	24.50	8609.30	
37	020105001001	水泥砂浆踢脚线 1. 1:3 水泥砂浆打底，高150mm 2. 1:2 水泥砖浆抹面	m²	109.8	31.36	3443.33	
38	020106003001	水泥砂浆楼梯面 1. 20 厚 1:1:3 水泥砂浆打底 2. 1:2 水泥砖浆抹面	m²	85.54	14.70	1257.44	
39	020107001001	不锈钢扶手带栏杆 1. 不锈钢栏杆 φ25mm 2. 不锈钢扶手 φ70mm	m	58.34	446.98	26076.82	

序号	项目编码	项目名称	计量单位	工程数量	综合单价	合价	其中暂估价
					金额/元		
40	02010800/001	水泥砂浆台阶 1. 20 厚 1:2 水泥砂浆面层 2. 100 厚 3:7 灰土垫层 3. 素土夯实垫层	m²	140.59	45.28	6365.92	
		小计				68074	
	B.2	墙、柱面工程					
41	020201001001	内墙面一般抹灰 1. 6 厚 1:1:6 水泥石灰砂浆底 2. 2 厚麻刀灰面	m²	2813.8	6.84	19246.39	
42	020201001002	内墙水泥砂浆抹灰（厨房及卫生间） 1. 12 厚 1:3 水泥砂浆底 2. 6 厚 1:2 水泥砂抹平	m²	553.44	9.21	5097.25	
43	020201002001	外墙抹灰 1. 12 厚 1:3 水泥砂浆底 2. 1:2 水泥砂浆面	m²	1449.58	9.41	13640.55	
44	020202001001	柱面一般抹灰 1. 12 厚 1:1:6 水泥石灰砂浆底 2. 2 厚麻刀灰面	m²	44.4	9.41	417.80	
45	020203001001	阳台栏板内侧抹灰 1. 12 厚 1:3 水泥砂浆底 2. 6 厚 1:2 水泥砂浆找平	m²	245.28	9.31	2283.56	
46	020204003001	内墙块料面层 1. 刷素水泥浆一道 2. 1:1 水泥砂浆面 3. 面砖	m²	553.44	42.50	23520.47	
		小计				64206	
	B.3	顶棚工程					
47	020301001001	顶棚抹灰（现浇板底） 1. 素水泥浆一道 2. 麻刀纸筋灰面	m²	9825.95	6.96	68388.61	
		小计				68389	

序号	项目编码	项目名称	计量单位	工程数量	综合单价	合价	其中暂估价
	B.4	门窗工程					
48	020401001001	镶板木门（单扇0.9m×2.1m） 1. 杉木 2. 普通五金 3. 润油粉一遍 4. 满刮腻子 5. 调和漆一遍 6. 磁漆两遍	樘	20	451.22	9024.40	
49	020401001002	双面胶合板门（JM-1） 1. 木框上钉5mm胶合板 2. 普通五金 3. 润油粉一遍 4. 满刮腻子 5. 调和漆一遍 6. 磁漆两遍	樘	22	426.30	9378.60	
50	020401001003	双面胶合板门（JM-3） 1. 杉木框上钉5mm胶合板 2. 普通五金 3. 润油粉一遍 4. 满刮腻子 5. 调和漆一遍 6. 磁漆两遍	樘	55	445.90	24524.50	
51	020401001004	双面胶合板门（JM-10） 1. 木框上钉5mm胶合板 2. 普通五金 3. 润油粉一遍 4. 满刮腻子 5. 调和漆一遍 6. 磁漆两遍	樘	20	436.10	8722.00	
52	020401001005	双面胶合板门（JM-136） 1. 杉木框上钉5mm胶合板 2. 普通五金 3. 润油粉一遍 4. 满刮腻子 5. 调和漆一遍 6. 磁漆两遍	樘	2	441.00	882.00	

工程名称：××商住楼（投标标底） （续）

序号	项目编码	项目名称	计量单位	工程数量	综合单价	合价	其中暂估价
53	020403002001	铝合金卷帘门（JLM-1） 80系列，尺寸见图样	樘	1	1822.80	1822.80	
54	020403002002	铝合金卷帘门（JLM-2） 80系列，尺寸见图样	樘	3	1920.80	5762.40	
55	020403002003	铝合金卷帘门（JLM-3） 80系列，尺寸见图样	樘	2	1587.60	3175.20	
56	020403002004	铝合金卷帘门（JLM-4） 80系列，尺寸见图样	樘	2	1489.60	2979.20	
57	020403002005	铝合金卷帘门（JLM-5） 80系列，尺寸见图样	樘	2	1568.00	3136.00	
58	020402005001	塑钢平开门（LM-1） 尺寸见图样	樘	4	1476.86	5907.44	
59	020406001001	塑钢推拉窗（C-1） 铝合金12厚，90系列，白玻璃6mm厚，尺寸见图样	樘	4	319.48	1277.92	
60	020406001002	塑钢推拉窗（C-2） 铝合金12厚，90系列，白玻璃6mm厚，尺寸见图样	樘	50	713.46	35673.00	
61	020406001003	塑钢推拉窗（C-2′） 铝合金12厚，90系列，白玻璃6mm厚，尺寸见图样	樘	1	686.98	686.98	
62	020406001004	塑钢推拉窗（C-2″） 铝合金12厚，90系列，白玻璃6mm厚，尺寸见图样	樘	4	668.36	2673.44	
63	020406001005	塑钢推拉窗（C-3） 铝合金12厚，90系列，玻璃6mm厚，尺寸见图样	樘	20	666.40	13328.00	
64	020406001006	塑钢推拉窗（C-3′） 铝合金12厚，90系列，白玻璃6mm厚，尺寸见图样	樘	2	619.36	1238.72	
65	020406001007	塑钢推拉窗（C-4） 铝合金12厚，90系列，白玻璃6mm厚，尺寸见图样	樘	5	687.96	3439.8	

工程名称：××商住楼（投标标底）　　　　　　　　　　　　　　　　　　　　　　　（续）

序号	项目编码	项目名称	计量单位	工程数量	金额/元		
					综合单价	合价	其中暂估价
66	020406001008	塑钢推拉窗（C-5）铝合金12厚，90系列，白玻璃6mm厚，尺寸见图样	樘	20	999.60	19992.00	
67	020406001009	塑钢推拉窗（C-6）铝合金12厚，90系列，白玻璃6mm厚，尺寸见图样	樘	20	1969.80	39396.00	
		小计				193020	
	B.5	油漆工程					
68	020506001001	外墙面油漆 1.满涂乳胶腻子两遍 2.刷外墙漆两遍	m²	1449.58	5.88	8523.53	
		小计				8524	
		合计				3568543	

4.5.3　土建工程措施项目清单报价

土建工程措施项目清单报价见表4-4。

表4-4　土建工程措施项目清单报价

工程名称：××商住楼（投标标底）

序号	定额编号	项目名称	计量单位	工程数量或计算基数	金额/元	
					综合单价或费率（%）	合价
1	A11-7	外墙砌筑脚手架	100m²	20.44	185.1	3783.54
2	A11-39	内墙砌筑脚手架	100m²	38.73	97.61	3780.46
3	A11-48	外墙脚手架挂安全网增加费用	100m²	20.64	955.50	19721.52
4	A12-7	垂直运输机械	100m²	26.83	245.31	6681.67
		小计				33967
5	A1-1	环境保护费	元	723388	0.4	
6	A1-2.2	文明施工费	元	723388	4.0	
7	A1-3	安全施工费	元	723388	3.0	
8	A1-4	临时设施费	元	723388	4.8	
9	A1-10	工程定位复测、工程交点、场地清理费	元	723388	2.0	
10	A1-11	生产工具用具使用费	元	723388	1.8	
		小计		723388	16	115742
		合计				149709

4.5.4　土建工程其他项目清单报价

土建工程其他项目清单报价见表4-5。

表4-5　土建工程其他项目清单报价

工程名称：××商住楼（投标标底）

序号	项目名称	计量单位	金额/元	备注
1	暂列金额			
2	暂估价			
2.1	材料暂估价			
2.2	专业工程暂估价			
3	计日工			
4	总承包服务费			
5	其他			
	合　计			

4.5.5　土建工程零星工作项目（计日工）报价

土建工程零星工作项目报价见表4-6。

表4-6　土建工程零星工作项目报价

工程名称：××商住楼（投标标底）

序号	名　称	计量单位	工程数量	金额/元	
				综合单价	合价
1	人工				
	小计				
2	材料				
	小计				
3	机械				
	小计				
	合计				

4.5.6　土建工程规费报价

土建工程规费报价见表4-7。

表4-7　土建工程规费报价

工程名称：××商住楼（投标标底）

序号	定额编号	名　称	计量单位	计算基数	金额/元	
					费率（%）	合价
1	A4-1	养老保险费	元	489275	20	
2	A4-1.2	失业保险费	元	489275	2	
3	A4-1.3	医疗保险费	元	489275	8	
4	A4-2	住房公积金	元	489275	10	
5	A4-3	危险作业意外保险费	元	489275	0.5	
		合计		489275	40.5	198156

4.5.7 土建工程分部（分项）工程工程量清单综合单价分析

土建工程分部（分项）工程工程量清单综合单价分析见表4-8。

表4-8 土建工程分部（分项）工程工程量清单综合单价分析

工程名称：××商住楼（投标标底）

项目编码	010101003001	项目名称	挖基础土方	计量单位	m³

清单综合单价组成明细

定额编号	定额名称	定额单位	数量	单价/元				合价/元			
				人工费	材料费	机械费	管理费和利润	人工费	材料费	机械费	管理费和利润
A1-140	挖土方，2m以内	1000m³	0.001	186.00		2334.03	806.41	0.186		2.334	0.806
A1-155	弃土	1000m³	0.001	372.00		2067.87	780.76	0.327		2.068	0.780
估价	基底钎探	m²	1.00	0.22		0.09	0.09	0.22		0.09	0.09
人工单价		小计						0.733		4.49	1.676
31(元/工日)		未计价材料费									
清单项目综合单价								6.90			

主要材料名称、规格、型号	单位	数量	单价/元	合价/元	暂估单价/元	暂估合价/元
材料费明细						
其他材料费						
材料费小计						

工程名称：××商住楼（投标标底） （续）

项目编码	010302001001	项目名称	底层空心砖墙120厚	计量单位	m³

清单综合单价组成明细

定额编号	定额名称	定额单位	数量	单价/元				合价/元			
				人工费	材料费	机械费	管理费和利润	人工费	材料费	机械费	管理费和利润
A3-15	底层空心砖墙120厚	m³	1.00	41.76	185.13	1.54	13.86	41.76	185.13	1.54	13.86
人工单价		小计						41.76	185.13	1.54	13.86
31(元/工日)		未计价材料费									
清单项目综合单价								242.29			

主要材料名称、规格、型号	单位	数量	单价/元	合价/元	暂估单价/元	暂估合价/元
材料费明细						
标准砖	百块	0.180	25.75	4.635		
多孔砖	百块	3.420	46.16	157.87		
混合砂浆 M5	m³	0.15	149.66	22.449		
水	m³	0.121	1.46	0.177		
其他材料费						
材料费小计				185.13		

注：1. 人工费 = 人工单价×工日数
2. 机械费 = 台班单价×台班数
3. 管理费 = （人工费 + 机械费）×19%
4. 利润 = （人工费 + 机械费）×13%

4.5.8 土建工程人工工日及材料分析

土建工程人工工日及材料分析见表4-9。

表4-9　土建工程人工工日及材料分析

工程名称：××商住楼（投标标底）

序　号	项目名称	定额编号	工程内容	单　位	数　量	人工工日/工日								
						单数	合数							
	A.1		土方工程											
1	平整场地	A1-26	平整场地	m²	443.61	0.032	14.20							
2	挖基础土方	A1-140	挖土方	1000m³	0.973	6.000	5.84							
		A1-155	弃土	1000m³	0.973	6.000	5.84							
		估	基底钎探	m²	466.96	0.011	5.14							
3	基础土方回填	A1-29	基础土方回填	m³	897.87	0.244	219.08							
	小计						250							

序号	项目名称	定额编号	工程内容	单位	数量	人工工日/工日		多孔砖/百块		水泥32.5/t		中砂/t		…
	A.3		砌筑工程			单数	合数	单数	合数	单数	合数	单数	合数	
4	底层空心砖墙120厚	A3-15	底层空心砖墙120厚	m³	3.66	1.347	4.93	3.420	12.50	0.028	0.04	0.023	0.03	…
…	…	…	…	…	…	…	…	…	…	…	…	…	…	…

4.5.9 土建工程主要材料价格

土建工程主要材料价格见表4-10。

表4-10　土建工程主要材料价格

工程名称：××商住楼（投标标底）

序　号	名称规格	单　位	数　量	单价/元	合价/元
1	圆钢 φ10以内	t	22.34	3280.13	73278.10
2	圆钢Ⅱ级 φ10以上	t	50.99	3294.98	168011.03
3	水泥32.5	t	456.12	217.87	99347.86
4	中砂	t	…	…	…
…	…	…	…	…	…

4.6 给水排水工程报价

4.6.1 给水排水工程单位工程费汇总

给水排水工程单位工程费汇总见表4-11。

表4-11　给水排水工程单位工程费汇总

工程名称：××商住楼（投标标底）

序　号	项目名称	金额/元
1	分部（分项）工程工程量清单计价合计	74416
2	措施项目清单计价合计	908
3	其他项目计价合计	—
4	规费	4863
5	税前造价 74416+908+4863=80187	80187
6	工程定额测定费（税前造价×0.124%）=99	99
7	税金（税前造价+工程定额测定费）×3.475%=2790	2790
	合计（税前造价+工程定额测定费+税金）	83076

4.6.2 给水排水工程分部（分项）工程工程量清单报价

给水排水工程分部（分项）工程工程量清单报价见表4-12。

表4-12 给水排水工程分部（分项）工程工程量清单报价

工程名称：××商住楼（投标标底）

序号	项目编码	项目名称	计量单位	工程数量	综合单价	合价	其中暂估价
1	030801001001	镀锌钢管 DN80，室外，给水，螺纹联接	m	12	45.65	547.80	
2	030801001002	镀锌钢管 DN70，室外，给水，螺纹联接	m	28.8	41.18	1185.99	
3	030801001003	镀锌钢管 DN50，室内，给水，螺纹联接	m	77.9	38.83	3024.86	
4	030801001004	镀锌钢管 DN40，室内，给水，螺纹联接	m	143.8	32.14	4621.73	
5	030801001005	镀锌钢管 DN32，室内，给水，螺纹联接	m	12	28.03	336.36	
6	030801001006	镀锌钢管 DN20，室内，给水，螺纹联接	m	145.5	24.50	3564.75	
7	030801005001	塑料复合管 DN150，室内，排水，零件粘接	m	112	81.61	9140.32	
8	030801005002	塑料复合管 DN100，室内，排水，零件粘接	m	106.1	60.82	6453.00	
9	030801005003	塑料复合管 DN75，室内，排水，零件粘接	m	106.2	47.06	4997.77	
10	030801012001	承插水泥管 φ300，室外，排水	m	42	47.05	1976.10	
11	030803001001	单向止回阀	个	6	96.35	578.10	
12	030803001002	螺纹阀门 DN50	个	2	83.30	166.60	
13	030803001003	螺纹阀门 DN40	个	8	60.76	486.08	
14	030803001003	螺纹阀门 DN20	个	20	29.4	588.00	
15	030803010001	水表 LXS—50C	组	20	54.88	1097.60	
16	030804001001	浴盆 1200×65，搪瓷	组	20	521.36	10427.20	
17	030804003001	洗脸盆	组	22	230.30	5066.60	
18	030804005001	洗涤盆 陶瓷	组	25	175.20	4380.00	
19	030804007001	浴盆淋浴器 单柄浴混合龙头	组	20	37.25	745.00	

工程名称：××商住楼（投标标底） （续）

序号	项目编码	项目名称	计量单位	工程数量	综合单价	合价	其中暂估价
20	030804012001	坐式大便器	套	20	245.20	4904.00	
21	030804012002	蹲式大便器	套	1	81.35	81.35	
22	030804016001	厨房水龙头 铜，DN15	个	20	8.72	174.40	
23	030804016002	洗脸盆混合龙头 铜，DN15	个	20	31.36	627.20	
24	030804017001	铸铁地漏 铸铁，DN50	个	45	50.96	2293.20	
25	010101006001	人工挖土方	m³	193.32	35.96	6951.79	
		合计				74416	

4.6.3 给水排水工程措施项目清单报价

给水排水工程措施项目清单报价见表4-13。

表4-13 给水排水工程措施项目清单报价

工程名称：××商住楼（投标标底）

序 号	项 目 名 称	金额/元
1	冬雨期施工费（人＋机）×1.3%	
2	临时设施费（人＋机）×4.8%	
	合计（人＋机）×6.1%	908

4.6.4 给水排水工程其他项目清单报价

给水排水工程其他项目清单报价见表4-14。

表4-14 给水排水工程其他项目清单报价

工程名称：××商住楼（投标标底）

序 号	项 目 名 称	计量单位	金额/元	备注
1	暂列金额			
2	暂估价			
2.1	材料暂估价			
2.2	专业工程暂估价			
3	计日工			
4	总承包服务费			
5	其他			
	合计			

4.6.5 给水排水工程零星工作项目（计日工）报价

给水排水工程零星工作项目报价见表4-15。

表4-15 给水排水工程零星工作项目报价

工程名称：××商住楼（投标标底）

序号	名称	计量单位	工程数量	金额/元	
				综合单价	合价
1	人工				
	小计				
2	材料				
	小计				
3	机械				
	小计				
	合计				

4.6.6 给水排水工程规费报价

给水排水工程规费报价见表4-16。

表4-16 给水排水工程规费报价

工程名称：××商住楼（投标标底）

序号	定额编号	名称	计量单位	计算基数	金额/元	
					费率（%）	合价
1	A4－1	养老保险费	元	12008	20	
2	A4－1.2	失业保险费	元	12008	2	
3	A4－1.3	医疗保险费	元	12008	8	
4	A4－2	住房公积金	元	12008	10	
5	A4－3	危险作业意外保险费	元	12008	0.5	
		合计		12008	40.5	4863

4.6.7 给水排水工程分部（分项）工程工程量清单综合单价分析

给水排水工程分部（分项）工程工程量清单综合单价分析见表4-17。

表4-17 给水排水工程分部（分项）工程工程量清单综合单价分析

工程名称：××商住楼（投标标底）

项目编码	010801001001		项目名称	镀锌钢管DN80		计量单位		m	

清单综合单价组成明细

定额编号	定额名称	定额单位	数量	单价/元				合价/元			
				人工费	材料费	机械费	管理费和利润	人工费	材料费	机械费	管理费和利润
C8-23	镀锌钢管DN80，螺纹联接	10m	0.1	89.90	329.13	4.34	30.17	8.99	32.913	0.434	3.017
8-210/套	管道消毒，冲洗	100m	0.01	14.96	9.71		4.79	0.15	0.097		0.0479
人工单价			小计					9.14	33.01	0.434	3.07
31（元/工日）			未计价材料费								
清单项目综合单价								45.65			

	主要材料名称、规格、型号	单位	数量	单价/元	合价/元	暂估单价/元	暂估合价/元
材料费明细	镀锌钢管DN80	10m	0.1	329.13	32.913		
	管道消毒，冲洗	100m	0.01	9.71	0.097		
	其他材料费						
	材料费小计				33.01		

注：1. 人工费＝人工单价×工日数
　　2. 机械费＝台班单价×台班数
　　3. 管理费＝（人工费＋机械费）×19%
　　4. 利润＝（人工费＋机械费）×13%

4.6.8 给水排水工程人工工日分析

给水排水工程人工工日分析见表4-18。

表4-18 给水排水工程人工工日分析

工程名称：××商住楼（招标标底）

序号	项目编码	项目名称	定额编号	工程内容	单位	数量	人工工日/工日 单数	人工工日/工日 合数
1	010801001001	镀锌钢管DN80		镀锌钢管DN80	m	12		
			C8－23	镀锌钢管DN80	10m	1.20	2.900	3.48
			8－210（套）	管道消毒，冲洗	100m	0.12	0.481	0.06
2	010801001002	镀锌钢管DN70		镀锌钢管DN70	m	28.80		
			C8－22	镀锌钢管DN70	10m	2.88	2.740	7.89
			8－209（套）	管道消毒，冲洗	100m	0.29	0.481	0.14
...	...	...	...	...	...	...	...	...

4.6.9 给水排水工程主要材料价格

给水排水工程主要材料价格见表4-19。

表4-19 给水排水工程主要材料价格

工程名称：××商住楼（招标标底）

序号	名称规格	单位	数量	单价/元	合价/元
1	洗脸盆	套	22	158.82	3494.04
2	浴盆淋浴器	套	25	31.62	790.50
3	坐式大便器	套	20	233.36	4667.20
4	蹲式大便器	套	1	70.93	70.93
...	...	...	...	...	...

4.7 电气工程报价

4.7.1 电气工程单位工程费汇总

电气工程单位工程费汇总见表4-20。

表4-20 电气工程单位工程费汇总

工程名称：××商住楼（投标标底）

序号	项目名称	金额/元
1	分部（分项）工程工程量清单计价合计	56738
2	措施项目清单计价合计	7922
3	其他项目计价合计	—
4	规费	4596
5	税前造价 56738＋7922＋4596＝69256	69256
6	工程定额测定费（税前造价×0.124%）＝86	86
7	税金（税前造价＋工程定额测定费）×3.475%＝2410	2410
	合计（税前造价＋工程定额测定费＋税金）	71752

4.7.2 电气工程分部（分项）工程工程量清单报价

电气工程分部（分项）工程工程量清单报价见表4-21。

表4-21 电气工程分部（分项）工程工程量清单报价

工程名称：××商住楼（投标标底）

序号	项目编码	项目名称	计量单位	工程数量	金额/元 综合单价	金额/元 合价	金额/元 其中暂估价
1	030204018001	总照明箱（M1/DCX20）箱体安装	台	4	279.49	1117.96	
2	030204018002	总照明箱（Ms/DCX）箱体安装	台	2	88.40	176.80	
3	030204018003	户照明箱（XADP－P110）箱体安装	台	24	150.64	3615.36	
4	030204031001	［低压］断路器（HSL1）	个	4	94.97	379.88	
5	030204031002	［低压］断路器（E4CB240CE）	个	25	93.10	2327.50	
6	030204031003	［低压］断路器（C45N/2P）	个	40	64.68	2587.20	
7	030204031004	［低压］断路器（C45N/1P）	个	60	41.26	2475.60	
8	030204031005	延时开关	个	12	37.28	447.36	
9	030204031006	单板开关	个	12	7.16	85.92	
10	030204031007	双板开关	个	64	9.82	628.48	
11	030204031001	二、三极双联暗插座（F901F910ZS）	套	219	14.72	3223.68	
12	030210002001	导线架设（BXF－35） 1. 导线架设 2. 导线进户架设 3. 进户横担安装	m	120	9.67	1160.40	

47

序号	项目编码	项目名称	计量单位	工程数量	金额/元 综合单价	金额/元 合价	其中暂估价
13	030210002002	导线架设（BXF-16） 1. 导线架设 2. 导线进户架设 3. 进户横担安装	m	120	5.49	658.80	
14	030209001001	接地装置（-40×4镀锌扁铁） 接地母线敷设	m	8	84.28	674.24	
15	030209002001	避雷装置（避雷网φ10mm镀锌圆钢，引下线利用构造柱内钢筋，接地母线-40×4镀锌扁铁） 1. 避雷带制作 2. 断接卡子制作、安装 3. 接线制作 4. 接地母线制作、安装	项	6	1713.02	10278.12	
16	030211006001	母线调试	段	2	178.36	356.72	
17	030211008001	接地电阻测试	系统	8	168.56	1348.48	
18	030212001001	G50钢管 1. 刨沟槽 2. 电线管路敷设 3. 接线盒，插座盒等安装 4. 防腐油漆	m	12.4	11.78	146.07	
19	030212001002	G25钢管 1. 刨沟槽 2. 电线管路敷设 3. 接线盒，插座盒等安装 4. 防腐油漆	m	143.2	9.09	1301.69	
20	030212001003	SGM16塑管 1. 刨沟槽 2. 电线管路敷设 3. 接线盒，插座盒等安装 4. 防腐油漆	m	2916	2.80	8164.80	
21	030212003001	BV-35铜线 1. 配线 2. 管内穿线	m	24.8	6.16	152.77	
22	030212003002	BV-10铜线 1. 配线 2. 管内穿线	m	504	1.96	987.84	

序号	项目编码	项目名称	计量单位	工程数量	金额/元 综合单价	金额/元 合价	其中暂估价
23	030212003003	BV-4铜线 1. 配线 2. 管内穿线	m	1236	1.61	1989.96	
24	030212003004	BV-2.5铜线 1. 配线 2. 管内穿线	m	7418	0.80	5934.4	
25	030213001001	吊灯 安装	套	208	4.89	1017.12	
26	030212003002	吸顶灯 安装	套	72	76.40	5500.80	
		合计				56738	

4.7.3 电气工程措施项目清单报价

电气工程措施项目清单报价见表4-22。

表4-22　电气工程措施项目清单报价

工程名称：××商住楼（投标标底）

序　号	项目名称	金额/元
1	冬雨期施工费（人+机）×1.3%	
2	临时设施费（人+机）×4.8%	
	合计（人+机）×6.1%	7922

4.7.4 电气工程其他项目清单报价

电气工程其他项目清单报价见表4-23。

表4-23　电气工程其他项目清单报价

工程名称：××商住楼（投标标底）

序　号	项目名称	计量单位	金额/元	备注
1	暂列金额			
2	暂估价			
2.1	材料暂估价			
2.2	专业工程暂估价			
3	计日工			
4	总承包服务费			
5	其他			
	合　计			

4.7.5 电气工程零星工作项目（计日工）报价

电气工程零星工作项目报价见表4-24。

表4-24 电气工程零星工作项目报价

工程名称：××商住楼（投标标底）

序号	名 称	计量单位	工程数量	金额/元	
				综合单价	合价
1	人工				
	小计				
2	材料				
	小计				
3	机械				
	小计				
	合计				

4.7.6 电气工程规费报价

电气工程规费报价见表4-25。

表4-25 电气工程规费报价

工程名称：××商住楼（投标标底）

序号	定额编号	名 称	计量单位	计算基数	金额/元	
					费率（%）	合价
1	A4-1	养老保险费	元	11348	20	
2	A4-1.2	失业保险费	元	11348	2	
3	A4-1.3	医疗保险费	元	11348	8	
4	A4-2	住房公积金	元	11348	10	
5	A4-3	危险作业意外保险费	元	11348	0.5	
		合计	元	11348	40.5	4596

4.7.7 电气工程分部（分项）工程工程量清单综合单价分析

电气工程分部（分项）工程工程量清单综合单价分析见表4-26。

表4-26 电气工程分部（分项）工程工程量清单综合单价分析

工程名称：××商住楼（投标标底）

项目编码	030204031003	项目名称	户照明箱（XADP-P110）	计量单位	台

清单综合单价组成明细

定额编号	定额名称	定额单位	数量	单价/元				合价/元			
				人工费	材料费	机械费	管理费和利润	人工费	材料费	机械费	管理费和利润
C2-274	户照明箱，制安	台	1	84.20	32.80	5.07	28.57	84.20	32.80	5.07	28.57
人工单价		小计						84.20	32.80	5.07	28.57
31（元/工日）		未计价材料费									

清单项目综合单价		150.64

材料费明细	主要材料名称、规格、型号	单位	数量	单价/元	合价/元	暂估单价/元	暂估合价/元
	户照明箱（XADP-P110）	台	1	32.80	32.80		
	其他材料费						
	材料费小计				32.80		

注：1. 人工费=人工单价×工日数
2. 机械费=台班单价×台班数
3. 管理费=（人工费+机械费）×19%
4. 利润=（人工费+机械费）×13%

4.7.8 电气工程人工工日分析

电气工程人工工日分析见表4-27。

表 4-27　电气工程人工工日分析

工程名称：××商住楼（投标标底）

序号	项目编码	项目名称	定额编号	工程内容	单位	数量	人工工日/工日 单数	人工工日/工日 合数
1	030204018001	总照明（M1/DCX20）			台	4		
			C2－272	总照明箱，制作安装	台	4	1.746	6.98
2	030204018002	总照明箱（Ms/DCX）			台	2		
			C2－271	总照明箱，制作安装	台	2	1.455	2.91
3	030204031003	户照明（XADP－P110）			台	24		
			C2－274	户照明箱，制作安装	台	24	2.716	65.18
4	030204031001	［低压］断路器（HSL1）			个	4		
			C2－275	［低压］断路器	个	4	0.970	3.88
…	…	…	…	…	…	…	…	…
12	030210002001	导线架设（BXF35）			m	120		
			C2－963	导线进户架设	100m	1.20	0.844	1.01
			C2－937	进户横控安装	根	1	0.359	0.36
…	…	…	…	…	…	…	…	…

4.7.9 电气工程主要材料价格

电气工程主要材料价格见表4-28。

表 4-28　电气工程主要材料价格

工程名称：××商住楼（投标标底）

序号	名称规格	单位	数量	单价/元	合价/元
1	吊灯	套	208	4.18	869.44
2	成套灯具（半圆吸顶灯/D＝300m以内）	套	72	50.96	3669.12
3	双板开关	个	64	7.82	500.48
4	二、三极双联暗插座	套	219	12.15	2660.85
5	跷板暗开关（单控单联5/10A/220V）	个	12	7.12	85.44
…	…		…	…	…

下篇

预算定额模式

第5章　某商住楼工程预算实例

建 筑 工 程 施 工 图 预 算

建设单位：××厅

工程名称：商住楼

建筑面积：2683.00m²

造　　价：2772630.00 元

经济指标：1033.00 元/m²

其　　中

1）土建造价：2664571.00 元

2）水造价：61590.00 元

3）电造价：46469.00 元

编制单位：××设计院

　　　　××年×月×日

××商住楼施工图预算编制说明

一、本预算根据下列资料编制

1. 图纸：××厅商住楼施工图

2. 预算定额：

2.1　土建预算根据 1998 年《全国统一建筑工程基础定额安徽省估价表》

2.2　水电预算根据 1996 年《全国统一安装工程预算定额合肥地区价目表》

2.3　取费定额：2000 年《安徽省建筑安装工程费用定额》

二、本预算按三类工程取各项费用

编制人：×××　　　　校对：×××

5.1 土建工程预算

土建工程预算见表5-1。

表 5-1　土建工程预算

工程名称：××商住楼

序号	定额编号	分项工程名称	单位	数量	单价	合价	备 注
1		建筑面积	m²	2683.09			
		土方工程					
2	1-14	人工挖沟基（三类土）	100m³	9.73	1175.49	11437.52	
3	1-48	基础回填土	100m³	8.98	751.78	6750.98	
4	1-52	平整场地	100m²	6.59	62.02	408.71	
		小计				18597	
		架子工程					
5	3-4	外墙砌筑脚手架	100m²	20.44	1078.41	22042.70	
6	3-20	内墙砌筑脚手架	100m²	38.73	177.82	6886.97	
		小计				28930	
		砖石结构					
7	4-15	底层空心砖墙 空心砖，MU10，120厚，M5混合砂浆	10m³	0.37	2597.96	961.25	
8	4-19	底层空心砖墙 实心砖，MU10，240厚，M5混合砂浆	10m³	2.28	2420.63	5519.04	
9	4-19	二层至屋顶空心砖墙 MU10，240厚，M5混合砂浆	10m³	59.45	2420.63	143906.45	
10	4-61	台阶 MU10，M5水泥砂浆	10m³	1.67	1822.33	3043.29	
11	4-61	蹲台 MU10，M5水泥砂浆	10m²	0.09	1822.33	164.01	
12	4-60	砖窨井 600×600×1000，实心砖，M7.5水泥砂浆，C25混凝土垫层，碎石粒径40mm	座	15	468.99	7034.85	
13	4-60 (套)	水表井 600×400×1000，实心砖，M7.5水泥砂浆，C25混凝土垫层，碎石粒径40mm	座	2	392.59	785.18	
14	4-60 (套)	阀门井 实心砖，M7.5水泥砂浆，C25混凝土垫层，碎石粒径40mm	座	6	392.59	2355.54	
15	4-58	6#化粪池 1. 容积12.29m³，实心砖，M7.5水泥砂浆 2. C25混凝土垫层，碎石粒径40mm	座	1	9784.57	9784.57	
		小计				173554	
		混凝土及钢筋混凝土					
16	5-4	带形基础模板	100m²	0.24	1315.02	315.61	
17	5-6	独立基础模板	100m²	0.68	2144.72	1458.41	
18	5-26	基础梁模板	100m²	0.62	2065.46	1080.59	
19	5-27	框架梁模板	100m²	4.09	2243.63	9176.45	
20	5-20	框架柱模板	100m²	2.38	2276.06	5418.02	
21	5-22	构造柱模板	100m²	5.67	3641.03	20644.64	
22	5-29	圈梁模板	100m²	5.47	1909.27	10443.71	
23	5-30	过梁模板	100m²	1.59	2243.63	3567.37	
24	5-36	剪力墙模板	100m²	3.67	1509.14	5538.54	
25	5-46	无梁板模板	100m²	100.24	2196.45	220172.15	
26	5-44	有梁板模板	100m²	6.13	1909.06	11702.54	
27	5-59	栏板模板	100m²	49.24	3124.14	153832.65	
28	5-54	楼梯模板	100m²	5.43	858.56	4661.98	
29	5-191	现浇混凝土钢筋 （φ10以内）	t	22.34	3472.91	77584.81	
30	5-192	现浇混凝土钢筋 （φ10以上）	t	50.99	3171.86	161733.14	
31	5-218	带形基础混凝土	10m³	1.52	2226.58	3384.40	

序号	定额编号	分项工程名称	单位	数量	单价	合价	备注
32	5－220	独立基础混凝土	10m³	3.71	2274.20	8437.28	
33	5－230	基础梁混凝土	10m³	0.78	2291.79	1787.60	
34	5－231	框架梁混凝土	10m³	4.23	2335.02	9877.14	
35	5－227	框架柱混凝土	10m³	4.09	2469.37	10099.72	
36	5－229	构造柱混凝土	10m³	5.97	2545.68	15197.71	
37	5－233	圈梁混凝土	10m³	8.31	2507.15	20834.42	
38	5－234	过梁混凝土	10m³	1.64	2563.50	4204.14	
39	5－237	剪力墙混凝土	10m³	3.67	2420.61	8883.64	
40	5－243	无梁板混凝土	10m³	206.68	2279.12	471048.52	
41	5－242	有梁板混凝土	10m³	4.71	2295.82	10813.31	
42	5－251	栏板混凝土	10m³	32.83	2748.08	90219.47	
43	5－246	楼梯混凝土	10m²	4.54	671.57	3048.93	
		小计				1345366	
		门窗					
44	7－1，2，3，4	镶板木门（单扇0.9m×2.1m）	100m²	0.38	16295.87	6192.43	399.24＋1269.85＋9974.65＋1052.28＝16295.87
45	7－5，6，7，8	双面胶合板门	100m²	1.74	15026.76	26146.56	2775.21＋782.84＋10433.24＋1035.47＝15026.76
46	7－436	单扇木门五金（M₂）	1樘	20	16.78	335.60	
47	7－437	双扇木门五金（M₁）	1樘	99	106.08	10501.92	
		小计				43177	
		楼地面工程					
48	1－48	室内回填土（厚263）	100m³	4.31	751.78	3240.18	
49	8－10	80厚碎石地面垫层	10m³	3.45	933.46	3220.44	
50	8－16换	80厚C15混凝土地面垫层	10m³	3.45	2033.04	7014.00	
51	8－75	水泥砂浆地砖地面	100m²	4.31	3740.98	16123.62	
52	8－26	水泥砂浆楼面	100m²	15.35	779.19	11960.57	

序号	定额编号	分项工程名称	单位	数量	单价	合价	备注
53	8－75	地砖楼面（防滑地砖）	100m²	3.51	3740.98	13130.84	
54	8－31	水泥砂浆踢脚线	100m	1.10	163.75	180.13	
55	8－26	水泥砂浆楼梯面	100m²	0.86	1613.99	1388.03	
56	8－144	不锈钢扶手带栏杆	10m	5.83	5288.68	30833.01	
57	8－29	水泥砂浆台阶	100m²	1.41	1409.37	1987.21	
58	8－46	混凝土散水	100m²	0.19	2132.12	405.10	
		小计				89483	
		屋面工程					
59	9－10	玻璃纤维瓦屋面（屋面－1） 1. 挂瓦条 2. 851防水涂膜防水层 3. 玻璃纤维瓦	100m²	2.55	3070.17	7828.93	
60	8－84	缸砖屋面（屋面－2）	100m²	1.43	2586.00	3697.98	
61	8－18	20厚1:2水泥砂浆找平（屋面－1、2）	100m²	5.41	606.35	3280.36	
62	10－209	1:10水泥膨胀珍珠岩（最薄处30厚）（屋面－2）	10m³	0.43	1862.99	801.09	
63	9－94	乳花沥青两遍，改性沥青柔性油毡（Ⅱ型）防水层（屋面－2）	100m²	1.43	1765.36	2524.47	
64	9－72	屋面排水管UPVC排水管，直径100	10m	16.70	276.69	4620.72	
65	9－78	雨水口UPVC雨水口	10个	1	655.16	655.16	
66	9－74	雨水斗UPVC雨水斗	10个	1	283.20	283.20	
		小计				23692	
		装饰工程					
67	11－1	内墙面一般抹灰 1. 6厚1:1:6水泥石灰砂浆底 2. 厚麻刀灰面	100m²	28.13	523.88	14736.74	

工程名称：××商住楼 （续）

序号	定额编号	分项工程名称	单位	数量	单价	合价	备注
68	11-17	内墙水泥砂浆抹灰（厨房及卫生间） 1. 12厚1:3水泥砂浆底 2. 6厚1:2水泥砂抹平	100m²	5.53	788.55	4360.68	
69	11-17	外墙抹灰 1. 12厚1:3水泥砂浆底 2. 1:2水泥砂浆面	100m²	14.50	788.55	11433.98	
70	11-40	柱面一般抹灰 1. 厚1:1:6水泥石灰砂浆底 2. 2厚麻刀灰面	100m²	0.44	822.12	361.73	
71	11-17	阳台栏板内侧抹灰 1. 12厚1:3水泥砂浆底 2. 6厚1:2水泥砂浆找平	100m²	2.45	788.55	1931.95	
72	11-59	内墙块料面层	100m²	5.71	1868.55	10669.42	
73	11-280	顶棚抹灰（现浇板底） 1. 素水泥浆一道 2. 麻刀纸筋灰面	100m²	98.26	676.29	66452.26	
74	11-404	木门油漆 1. 润油粉一遍 2. 满刮腻子 3. 调和漆一遍 4. 磁漆两遍	100m²	2.11	956.58	2018.39	
75	11-597	外墙面油漆 1. 满涂乳胶腻子两遍 2. 刷外墙漆两遍	100m²	14.50	382.41	5544.95	
76	4-50	铝合金卷帘门	100m²	0.88	16091.13	14160.19	
77	4-60	塑钢平开门	100m²	0.07	32008.41	2240.59	
78	4-62	塑钢推拉窗	100m²	7.44	28393.41	211246.59	
		小计				345158	
		合计				2067978	

工程造价见表5-2。

表5-2 工程造价

工程名称：××商住楼

代号	费用项目	计 算 式	结果/元
（一）	直接费	A+B+C=2067978.00+0+（16544.00+21300.00+ 2688.00+4756.00）=2113266.00	2113266.00
A.	定额直接费	2067978.00	54796.00
B.	材料价差	Σ（信息价－定额价）×材料消耗量 =0（未计）	0
C.	其他直接费		
1.	冬、雨期施工增加费	（A+B）×规定费率=（2067978.00+0）×0.8% =16544.00	16544.00
2.	生产工具用具使用费	（A+B）×规定费率=（2067978.00+0）×1.03% =21300.00	21300.00
3.	检验试验费	（A+B）×规定费率=（2067978.00+0）×0.13% =2688.00	2688.00
4.	工程定位复测点交场清理费	（A+B）×规定费率=（2067978.00+0）×0.23% =4756.00	4756.00
（二）	间接费	（一）×间接费率=2113266.00×13.95% =294800.00	294800.00
（三）	利润	［（一）+（二）］×规定费率=（2113266.00+294800.00） ×7.0%=168565.00	168565.00
（四）	税金	［（一）+（二）+（三）］×规定费率 =（2113266.00+294800.00+168565.00）×3.413%=87940.00	87940.00
（五）	土建总造价	［（一）+（二）+（三）+（四）］ =2113266.00+294800.00+168565.00+87940.00=2664571.00	2664571.00

5.2 给水排水工程预算

给水排水工程预算见表5-3。

表 5-3　给水排水工程预算

工程名称：××商住楼

序号	定额编号	工程名称	单位	工程量	单价		合价		未计价材料			
					基价	人工费	基价	人工费	损耗	数量	单价	合价
1	8-8	DN80镀锌钢管	10m	1.2	43.79	19.00	52.55	22.80	10.15	1.22	200.00	244.00
2	8-7	DN70镀锌钢管	10m	2.88	35.73	16.23	102.90	46.74	10.15	2.92	190.00	554.80
3	8-6	DN50镀锌钢管	10m	7.79	27.22	12.48	212.04	97.22	10.15	7.91	180.00	1423.00
4	8-5	DN40镀锌钢管	10m	14.38	23.08	12.48	331.89	179.46	10.15	14.60	160.00	2336.00
5	8-4	DN32镀锌钢管	10m	1.2	20.13	11.69	24.16	14.03	10.15	1.22	150.00	183.00
…	…	…	…	…	…	…	…	…	…	…	…	…
		合计					29478	8230				15534.00

一、直接费：29478 + 15534 = 45012 元

二、结算费：8230 × 1.7673 = 14545 元

三、税：(45012 + 14545) × 0.03413 = 2033 元

四、水卫造价：45012 + 14545 + 2033 = 61590 元

5.3 电气工程预算

电气工程预算见表5-4。

表 5-4　电气工程预算

工程名称：××商住楼

序号	定额编号	工程名称	单位	工程量	单价		合价		未计价材料			
					基价	人工费	基价	人工费	损耗	数量	单价	合价
1		总照明箱（M1/DCX20）箱体安装	台	4	51.40	39.60	205.60	156.40	1	4	260.12	1040.48
2		总照明箱（Ms/DCX）箱体安装	台	2	131.67	63.36	263.34	126.72	1	2	182.18	364.36
3		户照明箱（XADP-P110）箱体安装	台	24	34.01	23.26	816.24	558.24	1	24	38.28	918.72
4		［低压］断路器（HSL1）	个	4	23.77	19.80	95.08	79.20	1	4	86.30	345.20
5		［低压］断路器（E4CB240CE）	个	25	23.77	19.80	594.25	495.00	1	25	90.28	2257.00
…	…	…									…	…
		合计					14260	8610				15458

一、直接费：14260 + 15458 = 297185 元

二、结算费：8610 × 1.7673 = 15217 元

三、税：(29718 + 15217) × 0.03413 = 1534 元

四、水卫造价：29718 + 15217 + 1534 = 46469 元

第6章 某商住楼土建工程工程量计算过程实例详解

土建工程工程量计算过程

土建工程工程量计算过程见表6-1。

表6-1 土建工程工程量计算过程

工程名称：××商住楼

序号	分项工程名称	单位	工程量	计 算 式
1	建筑面积	m²	2683.09	参见上篇第2章
2	人工挖沟基（三类土）	m³	973.35	参见上篇第2章
3	土方回填	m³	897.87	参见上篇第2章
4	平整场地	m²	658.89	按建筑物首层外墙边线每边加2m以面积计算 平整场地面积 = [(17.24 +4)×(3.3×4 +2.4 +2 +0.24) − (2 +3)×3.3 −3×4.5/2] + 左单元 (4.2 +4.5 +3.3 +0.24 +4)×(3.3×4 +2.4 +2 +0.24) 右单元 = 658.89m²
5	外墙砌筑脚手架	m²	2043.53	参见上篇第2章
6	内墙砌筑脚手架	m²	3873.06	参见上篇第2章
7	底层空心砖墙 空心砖，MU10，120厚，M5混合砂浆	m³	3.66	参见上篇第2章
8	底层空心砖墙 实心砖，MU10，240厚，M5混合砂浆	m³	22.79	参见上篇第2章
9	二层至屋顶空心砖墙 MU10，240厚，M5混合砂浆	m³	594.53	参见上篇第2章
10	台阶 MU10，M5水泥砂浆	m³	16.70	参见上篇第2章

序号	分项工程名称	单位	工程量	计 算 式
11	蹲台 MU10，M5水泥砂浆	m²	0.86	参见上篇第2章
12	砖窨井	座	15	参见上篇第2章
13	水表井	座	2	参见上篇第2章
14	阀门井	座	6	参见上篇第2章
15	6#化粪池	座	1	参见上篇第2章
16	带形基础模板	m²	24.10	模板面积 = 系数×工程量 = 1.59×15.16 = 24.10m²
17	独立基础模板	m²	68.19	模板面积 = 系数×工程量 = 1.84×37.06 = 68.19m²
18	基础梁模板	m²	61.46	模板面积 = 系数×工程量 = 7.90×7.78 = 61.46m²
19	框架梁模板	m²	409.10	模板面积 = 系数×工程量 = 9.61×42.57 = 409.10m²
20	框架柱模板	m²	238.27	模板面积 = 系数×工程量 = 5.83×40.87 = 238.27m²
21	构造柱模板	m²	566.68	模板面积 = 系数×工程量 = 9.5×59.65 = 566.68m²
22	圈梁模板	m²	546.93	模板面积 = 系数×工程量 = 6.58×83.12 = 546.93m²
23	过梁模板	m²	158.56	模板面积 = 系数×工程量 = 9.68×16.38 = 158.56m²
24	剪力墙模板	m²	367.10	模板面积 = 系数×工程量 = 10.00×36.71 = 367.10m²
25	无梁板模板	m²	10024.03	模板面积 = 系数×工程量 = 4.85×2066.81 = 10024.03m²
26	有梁板模板	m²	612.82	模板面积 = 系数×工程量 = 13.00×47.14 = 612.82m²
27	栏板模板	m²	4924.05	模板面积 = 系数×工程量 = 15.00×328.27 = 4924.05m²
28	楼梯模板	m²	543.12	模板面积 = 系数×工程量 = 12.00×45.26 = 543.12m²
29	现浇混凝土钢筋（φ10以内）	t	22.34	参见上篇第2章
30	现浇混凝土钢筋（φ10以上）	t	50.99	参见上篇第2章
31	带形基础混凝土	10m³	1.52	参见上篇第2章
32	独立基础混凝土	10m³	3.71	参见上篇第2章
33	基础梁混凝土	10m³	0.78	参见上篇第2章
34	框架梁混凝土	10m³	4.23	参见上篇第2章
35	框架柱混凝土	10m³	4.09	参见上篇第2章
36	构造柱混凝土	10m³	5.97	参见上篇第2章
37	圈梁混凝土	10m³	8.31	参见上篇第2章
38	过梁混凝土	10m³	1.64	参见上篇第2章
39	剪力墙混凝土	10m³	3.67	参见上篇第2章
40	无梁板混凝土	10m³	206.68	参见上篇第2章

序号	分项工程名称	单位	工程量	计　算　式
41	有梁板混凝土	10m³	4.71	参见上篇第2章
42	栏板混凝土	10m³	32.83	参见上篇第2章
43	楼梯混凝土	10m²	4.54	参见上篇第2章
44	镶板木门（单扇，0.9m×2.1m）	100m²	0.38	面积 = 0.9×2.1×20 = 37.80m²
45	双面胶合板门	100m²	1.74	面积 = 0.7×2.1×22 + 0.9×2.1×55 + 0.8×2.1×20 + 0.9×2.0×2 = 173.49m²
46	单扇木门五金（M₂）	1樘	20	20樘
47	双扇木门五金（M₁）	1樘	99	22 + 55 + 20 + 2 = 99樘
48	室内回填土（厚263）	100m³	4.31	参见上篇第2章
49	80厚碎石地面垫层	10m³	3.45	面积 = 431×0.08 = 34.48m³
50	80厚C15混凝土地面垫层	10m³	3.45	面积 = 431×0.08 = 34.48m³
51	水泥砂浆地砖地面	100m²	4.31	参见上篇第2章
52	水泥砂浆楼面	100m²	15.35	参见上篇第2章
53	地砖楼面	100m²	3.51	参见上篇第2章
54	水泥砂浆踢脚线	100m	1.10	参见上篇第2章
55	水泥砂浆楼梯面	100m²	0.86	参见上篇第2章
56	不锈钢扶手带栏杆	10m	5.83	参见上篇第2章
57	水泥砂浆台阶	100m²	1.41	参见上篇第2章
58	混凝土散水坡	100m²	0.19	参见上篇第2章
59	玻璃纤维瓦屋面（屋面-1）	100m²	2.55	参见上篇第2章
60	缸砖屋面（屋面-2）	100m²	1.43	参见上篇第2章

序号	分项工程名称	单位	工程量	计　算　式
61	20厚1:2水泥砂浆找平（屋面-1、2）	100m²	5.41	254.77 + 143.3×2 = 541.37m²
62	1:10水泥膨胀珍珠岩（最薄处30厚）（屋面-2）	10m³	0.43	体积 ≈ 143×0.03 = 4.29m³
63	乳花沥青两遍，改性沥青柔性油毡（Ⅱ型）防水层（屋面-2）	100m²	1.43	参见上篇第2章
64	屋面排水管	10m	16.70	参见上篇第2章
65	雨水口	10个	1	参见上篇第2章
66	雨水斗	10个	1	参见上篇第2章
67	内墙面抹灰	100m²	28.13	参见上篇第2章
68	内墙水泥砂浆抹灰（厨房及卫生间）	100m²	5.53	参见上篇第2章
69	外墙抹灰	100m²	14.50	参见上篇第2章
70	柱面一般抹灰	100m²	0.44	参见上篇第2章
71	阳台栏板内侧抹灰	100m²	2.45	参见上篇第2章
72	内墙块料面层	100m²	5.71	参见上篇第2章
73	顶棚抹灰（现浇板底）	100m²	98.26	参见上篇第2章
74	木门涂装	100m²	2.11	面积 = 镶板木门 + 双面胶合板门 = 37.80 + 173.49 = 211.29m²
75	外墙面涂装	100m²	14.50	参见上篇第2章
76	铝合金卷帘门	100m²	0.88	3.72×3 + 4.1×3×3 + 2.82×3×2 + 1.5×3×2 + 2.4×3×2 = 88.38m²
77	塑钢平开门	100m²	0.07	0.9×1.9×4 = 6.84m²
78	塑钢推拉窗	100m²	7.44	0.6×0.6×4 + 1.5×1.5×50 + 1.5×1.2×1 + 1.5×0.9×4 + 10.9×1.5×20 + 0.9×1.2×2 + 1.2×1.5×5 + 3.6×1.5×20 + 5.9×1.5×20 = 744.3m²

注：1. 水电工程量计算参见上篇第2章。

　　2. 读者在学习工程量计算时，应着重学习其计算方法。

1. 建筑施工图

建筑设计说明

一　设计依据

- ■ 项目批文及国家现行建筑设计规范
- ■ 本工程建设场地地形图及规划图
- ■ 建设单位委托设计单位设计本工程的设计合同书

二　设计规模

■	地理位置						
■	使用功能	住宅					
■	建筑面积	2828m²	地下	m²	地上	m²	m²
■	建筑层数	六层	地下	层	地上	层	局部　层
■	建筑性质	建筑规模	用地面积	基底面积	容积率	覆盖率	绿化率　总高度
	居住建筑						21.05 m

三　一般说明

- ■ 本工程图注尺寸除标高以米计外,其余尺寸均以毫米计
- ■ 图注标高为相对标高,相对标高±0.000相当于地质报告标高的值为3.5m,施工前应通知设计单位现场验证
- ■ 墙身防潮层设于室内地坪下一皮砖处用1:2水泥砂浆掺5%的防水剂粉20厚
- ■ 砌体采用机制粘土砖,未注明的砌体厚度均为240

四

	构　造　做　法	使用部位
室外工程	■ 散水做法:详皖01J307图集第1页节点1	沿建筑物四周
	□ 坡道做法:详皖01J307图集第4页节点4	
	■ 台阶做法:详皖01J307图集第10页节点1(砖砌台阶)	台阶
	■ 台阶做法:详皖01J307图集第10页节点10　□ 水泥砂浆面	
	□ 防滑地砖面	
	□ 花岗石饰面	
	□ 花池做法:详皖01J307图集第16页节点1	
	□ 花台做法:详皖01J307图集第9页节点3	
	□ 砖砌台阶挡墙做法:详皖01J307图集第15页节点C	
	□ 车行坡道做法:详皖01J307图集第7页节点2	
地面做法	■ 水泥砂浆地面:详皖93J301图集第4页节点8　(除楼梯同外其余面层不抹光)	除厨卫外所有楼面
	□ 细石混凝土:详皖93J301图集第5页节点13	
	□ 细石混凝土配筋地面:详皖93J301图集第6页节点14	
	□ 水磨石地面:详皖93J301图集第6页节点15 (1.5厚铜条分格)　□　石子	
	■ 地砖地面:详皖93J301图集第7页节点18 (防滑地砖规格:300×300)	
	■ 米黄色	厨房、卫生间底层
	■ 硬木企口板地面:详皖93J301图集第9页节点25	
	□ 架空预制板地面:素土夯实,300厚3:7灰土夯实,空气层高480,钢筋混凝土架空	
	预制板地面,刷素水泥浆一道,25厚1:2水泥砂浆抹光	
	□ 防水水泥砂浆地面:素土夯实,300厚3:7灰土夯实,100厚C20细石混凝土内掺防水剂,	
	20厚1:2水泥砂浆内掺防水剂抹光	
	□ 停车库地面:详皖91J307图集第15页节点4 (180厚)	
平屋面做法	■ 不上人屋面:详皖92J201-A-B1-C2-A-D27	
	□ 上人屋面:详皖92J201-A-B1-C2-A-D27-E7	屋面-2
	■ 排气道做法:详皖92J201图集第6页	

	构　造　做　法	使用部位
坡屋面做法	□ 坡屋面做法:20厚1:3水泥砂浆找平,刷防水素水泥浆一道,30厚1:2 防水水泥砂浆(每组小于36m²,防水油膏嵌缝),20厚1:2水泥砂浆面贴红色波形瓷砖	
	■ 坡屋面做法:20厚1:3水泥砂浆找平,按挂瓦要求做顺水条,面涂建筑防水保温膏,按挂瓦要求做挂瓦条,挂铺红色机制彩瓦	屋面-1
楼面做法	■ 水泥砂浆毛坯楼面:详皖93J301图集第11页节点1,2,(面层不抹光)	除厨卫外所有楼面
	□ 水泥砂浆面:详皖93J301图集第11页节点1,2	
	□ 细石混凝土:详皖93J301图集第11页节点3,4	
	□ 水磨石楼面:详皖93J301图集第11页节点5,(1.5厚铜条分格)　□　石子	
	■ 地砖楼面:详皖93J301图集第13页节点12,13 (防滑地砖规格:300×300)	
	■ 米黄色	厨房、卫生间
	□ 硬木企口板楼面:详皖93J301图集第14页节点14	
	□ 花岗石地面:刷素水泥浆一道,20厚1:3水泥砂浆找平,10厚1:1水泥砂浆结合层,20厚磨光花岗石	
外墙粉刷	□ 干粘石饰面:详皖93J301图集第16页节点10　□ 色石子	
	□ 色石子	
	□ 面砖饰面:详皖93J301图集第17页节点14,15　□ 玫瑰红色仿石艺术砖 (规格100×200)	
	■ 外墙漆墙面:详皖93J301图集第18页节点16　■ 雅黄色	外粉-1
	■ 玫瑰红色	外粉-3
	■ 白色	外粉-2
	□ 色	
	□ 胶粘砂浆面:详皖93J301图集第19页节点22　□ 色	
	□ 花岗石饰面:详皖93J301图集第19页节点24　□ 色	
	□ 色	
	■ 机制彩瓦面　■ 红色	外粉-4
幕墙做法	□ 铝板幕墙:详HYB-J-铝板幕墙	
	□ 石材幕墙:详HYB-J-石材幕墙	
	□ 玻璃幕墙:详皖97SJ103图集	
内墙粉刷	□ 麻刀灰毛坯墙面:16厚1:1:6水泥石灰砂浆底,2厚麻刀灰面	
	□ 水泥砂浆毛坯墙面:12厚1:3水泥石灰砂浆底,6厚1:2水泥砂浆扫毛	
	□ 麻刀灰墙面:16厚1:1:6水泥石灰砂浆底,2厚麻刀灰面,白色乳胶漆两度	
	□ 水泥砂浆面:12厚1:3水泥砂浆底,6厚1:2水泥砂浆面,白色乳胶漆两度	
	□ 混凝土墙水泥砂浆面:详皖93J301图集第22页节点11	
	■ 贴面砖墙面:详皖93J301图集第22页节点13 (规格200×300)　■ 白色瓷砖	厨房、卫生间(到顶)
	■ 内墙涂料饰面:详皖93J301图集第20页节点3　■ 白色	除厨卫外所有内墙面
顶棚做法	□ 麻刀灰毛坯顶棚:详皖93J301图集第23页节点2,3 (取消涂料面层)	
	□ 麻刀灰顶棚:详皖93J301图集第23页节点2	所有顶棚
	□ 水泥砂浆面:详皖93J301图集第25页节点13,14　■ 白色乳胶面　□ 白色油漆面	
	□ 轻钢龙骨纸面石膏板吊顶:详皖93J308图集第13页	
	□ T形龙骨装饰石膏板吊顶:详皖93J308图集第15页	
	■ 塑料扣板吊顶	一~五层卫生间顶棚
		六层厨卫顶棚

	构　造　做　法	使用部位
隔墙做法	□ 轻钢龙骨石膏隔墙:详98SJ140图集	
	□ 泰柏板轻质隔墙:详皖94J103图集	
	□ 空心砖砌体隔墙:详皖93J102图集	
墙裙做法	□ 水泥墙裙:详皖93J301图集第28页点1	
	□ 乳胶漆墙裙:详皖93J301图集第28页节点3　□ 色	
	□ 釉面砖墙裙:详皖93J301图集第28页节点5 (规格200×300)　■ 白色瓷砖	
	□ 胶合板墙裙:详皖93J301图集第29页节点6	
踢脚板做法	■ 水泥踢脚板:详皖93J301图集第26页节点1 (踢脚板与内墙平)	相应于水泥楼地面
	□ 硬木踢脚板:详皖93J301图集第27页节点7　□ 色	
	□ 水磨石踢脚板:详皖93J301图集第26页节点4　□ 色	
	□ 花岗石踢脚板:详皖93J301图集第27页节点8　□ 色	
油漆做法	■ 木材面油漆:详皖93J301图集第30页节点5 (清漆)　■ 淡黄色	木门
	□ 木材面油漆:详皖93J301图集第30页节点4 (磁漆)　□ 色	
	□ 色	
	□ 木材面油漆:详皖93J301图集第30页节点5 (调和漆)　□ 色	
	□ 色	
	■ 金属面油漆:详皖93J301图集第31页节点1 (调合漆)　■ 银粉色	出水口、外露铁件
	□ 金属面油漆:详皖93J301图集第31页节点5 (磁漆)　□ 色	

其他

- ■ 凡槽口,雨篷,阳台处,外廊底均应做滴水线,内墙阳角门脚角均应做护角
- ■ 凡预埋木砖均需满涂防腐剂
- ■ 本工程立面图中门窗分格应以门窗详图中的门窗分格为准
- ■ 凡雨篷板面均为20厚1:2防水水泥砂浆
- ■ 所有厨房,卫生间,阳台,平台,车库均比相应的楼地面低30
- ■ 平面图中门定位尺寸(门垛尺寸)除注明者外,其余均为120
- ■ 外墙窗台面1:3水泥砂浆第15厚打底,并将窗框安装后的缝隙填充密实,窗台泛水内高外低大于10
- ■ 室内抗震缝做法详皖94J903第5页节点1,3
- ■ 室内抗震缝做法详皖94J903第7页节点3,6,第13页节点1,3第　14页节点3
- ■ 室内消火栓位置详见给水排水施工图
- ■ 凡有架空板的房间在架空层内纵横墙处均设透气口300×240(阳台所在处不设),外墙处透气口外罩角钢网,四周以25×3角钢焊牢,透气口口底标高为-0.140

五　本图中　■ 符号为本工程采用的做法

本设计图同各有关专业图纸密切配合施工,在未征及设计单位同意时,不得在各构件上任意凿孔开洞。施工中各工种应密切配合,凡遇设备,电梯等安装工程时,应对到资料不真实物核实无误后方可进行施工,室内外装饰材料,色彩需 先作出样板,经建设单位和设计单位认可后方可大面施工。本说明中未尽事宜按国家现行有关施工规范及规程执行。

XX 建筑设计院				

建设单位		审 定		工程负责人		工程编号	
工程名称 ××商住楼	图名	审 核	建筑设计说明	设 计		图 号	J-1/15
		校 对		专业负责		日 期	

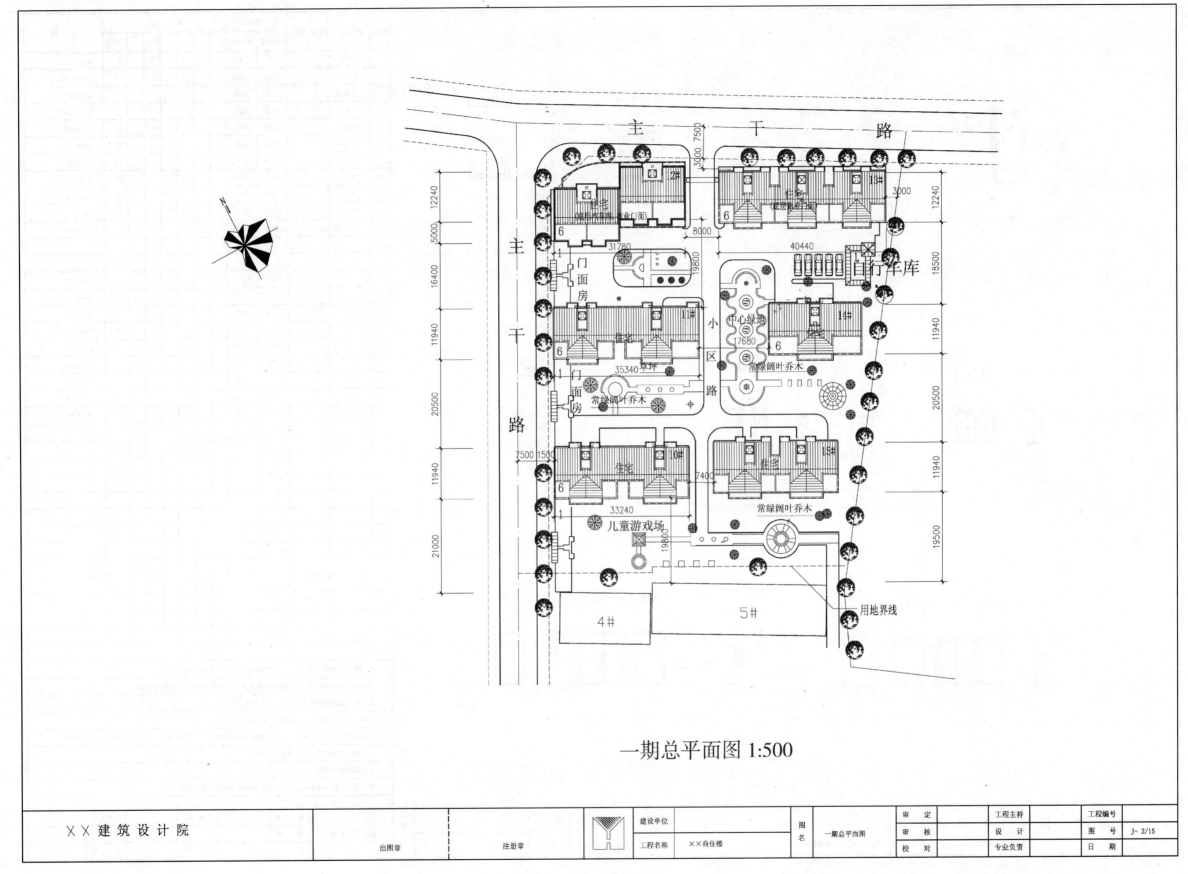

一期总平面图 1:500

XX 建筑设计院		出图章		注册章		建设单位		图名	一期总平面图	审定		工程主持		工程编号	
						工程名称	XX商住楼			审核		设计		图号	J- 2/15
										校对		专业负责		日期	

61

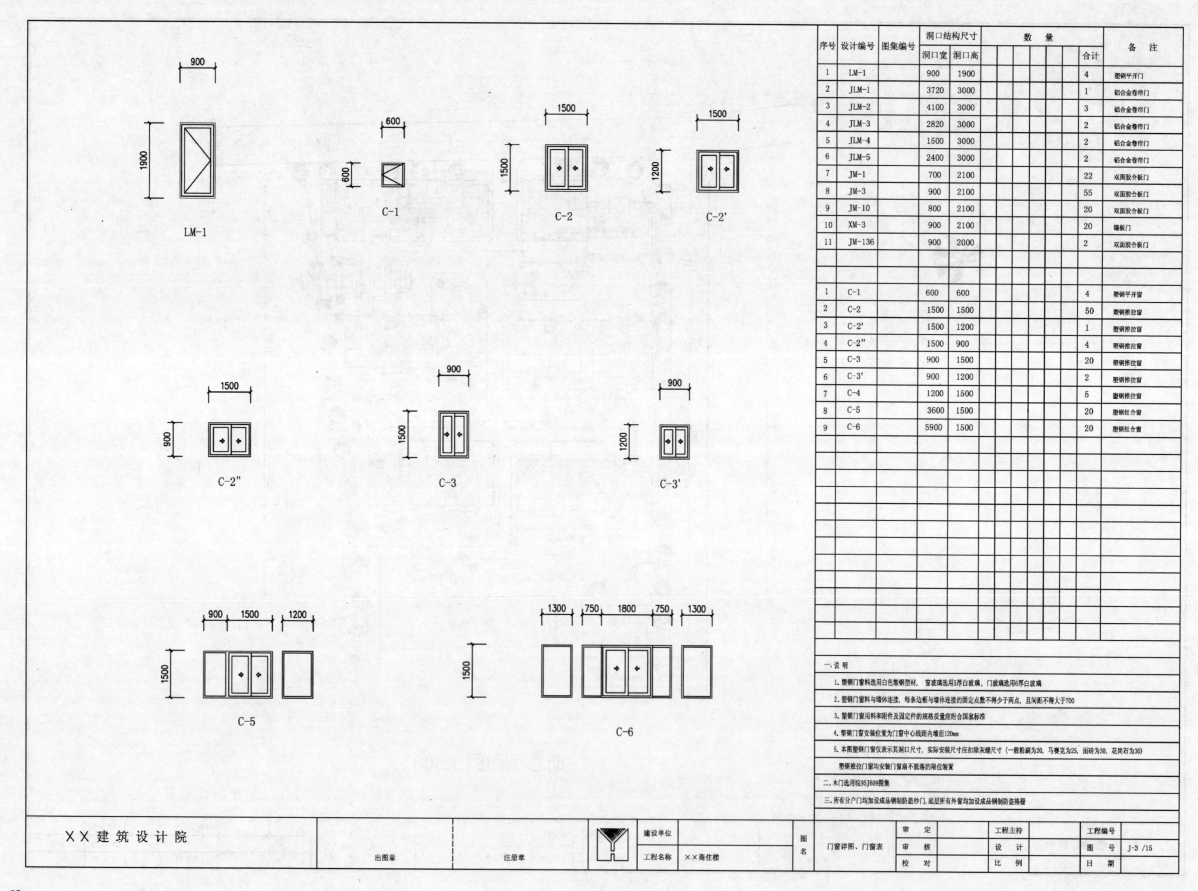

序号	设计编号	图集编号	洞口结构尺寸		数 量				备 注
			洞口宽	洞口高				合计	
1	LM-1		900	1900				4	塑钢平开门
2	JLM-1		3720	3000				1	铝合金卷帘门
3	JLM-2		4100	3000				3	铝合金卷帘门
4	JLM-3		2820	3000				2	铝合金卷帘门
5	JLM-4		1500	3000				2	铝合金卷帘门
6	JLM-5		2400	3000				2	铝合金卷帘门
7	JM-1		700	2100				22	双面胶合板门
8	JM-3		900	2100				55	双面胶合板门
9	JM-10		800	2100				20	双面胶合板门
10	XM-3		900	2100				20	镶板门
11	JM-136		900	2000				2	双面胶合板门
1	C-1		600	600				4	塑钢平开窗
2	C-2		1500	1500				50	塑钢推拉窗
3	C-2'		1500	1200				1	塑钢推拉窗
4	C-2''		1500	900				4	塑钢推拉窗
5	C-3		900	1500				20	塑钢推拉窗
6	C-3'		900	1200				2	塑钢推拉窗
7	C-4		1200	1500				5	塑钢推拉窗
8	C-5		3600	1500				20	塑钢组合窗
9	C-6		5900	1500				20	塑钢组合窗

一、说明

1. 塑钢门窗料选用白色塑钢型材，窗玻璃选用5厚白玻璃，门玻璃选用6厚白玻璃

2. 塑钢门窗料与墙体连接，每条边框与墙体连接的固定点数不得少于两点，且间距不得大于700

3. 塑钢门窗用料和附件及固定件的规格质量应符合国家标准

4. 塑钢门窗安装位置为门窗中心线距内墙面120mm

5. 本图塑钢门窗仅表示其洞口尺寸，实际安装尺寸应扣除灰缝尺寸（一般粉刷为20，马赛克为25，面砖为30，花岗石为30）

塑钢推拉门窗均安装门窗扇不脱落的限位装置

二、木门选用皖95J609图集

三、所有分户门均加设成品钢制防盗门，底层所有外窗均加设成品钢制防盗格栅

XX建筑设计院

出图章　　注册章

建设单位

工程名称　　XX商住楼

图名　门窗详图、门窗表

审定　　工程主持　　工程编号

审核　　设计　　图号　J-3 /15

校对　　比例　　日期

62

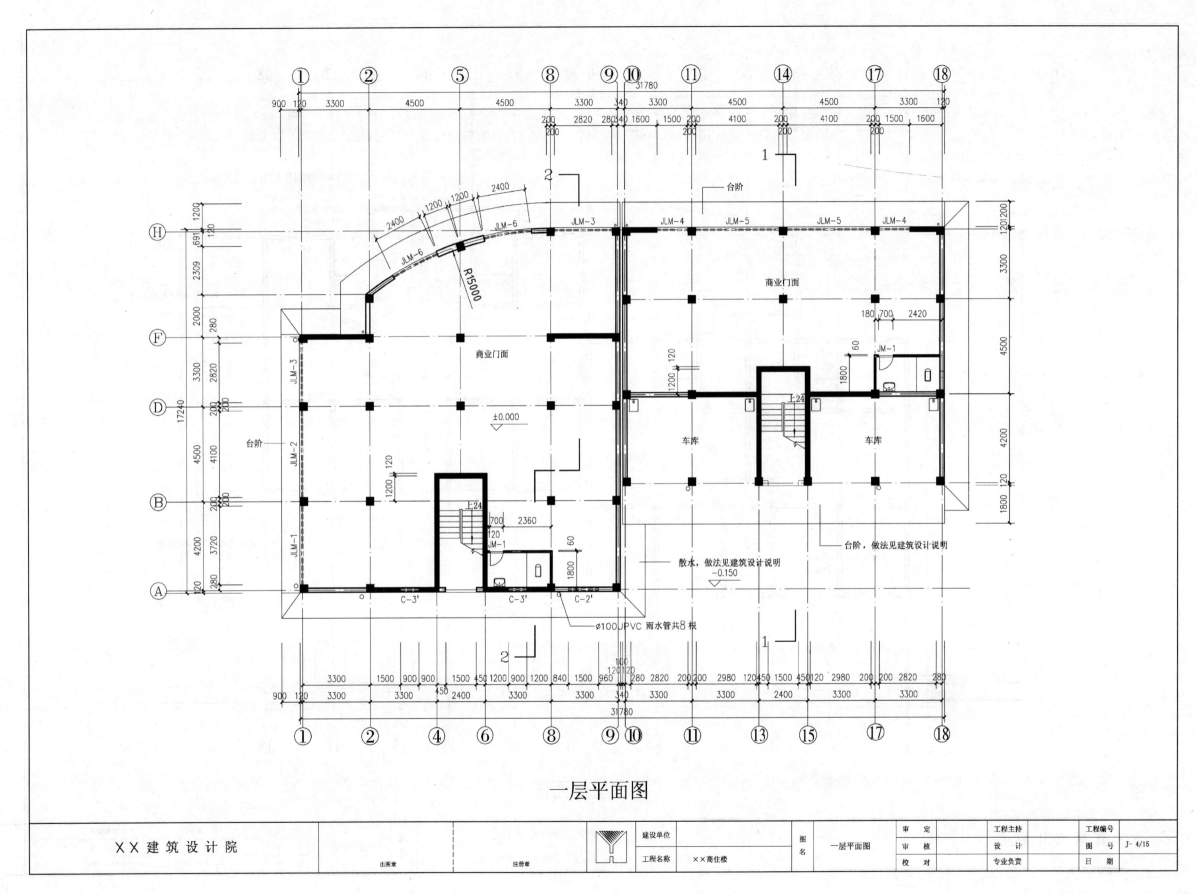

一层平面图

××建筑设计院				建设单位		图 名	一层平面图	审 定		工程主持		工程编号	
	出图章	注册章		工程名称	××商住楼			审 核		设 计		图 号	J- 4/15
								校 对		专业负责		日 期	

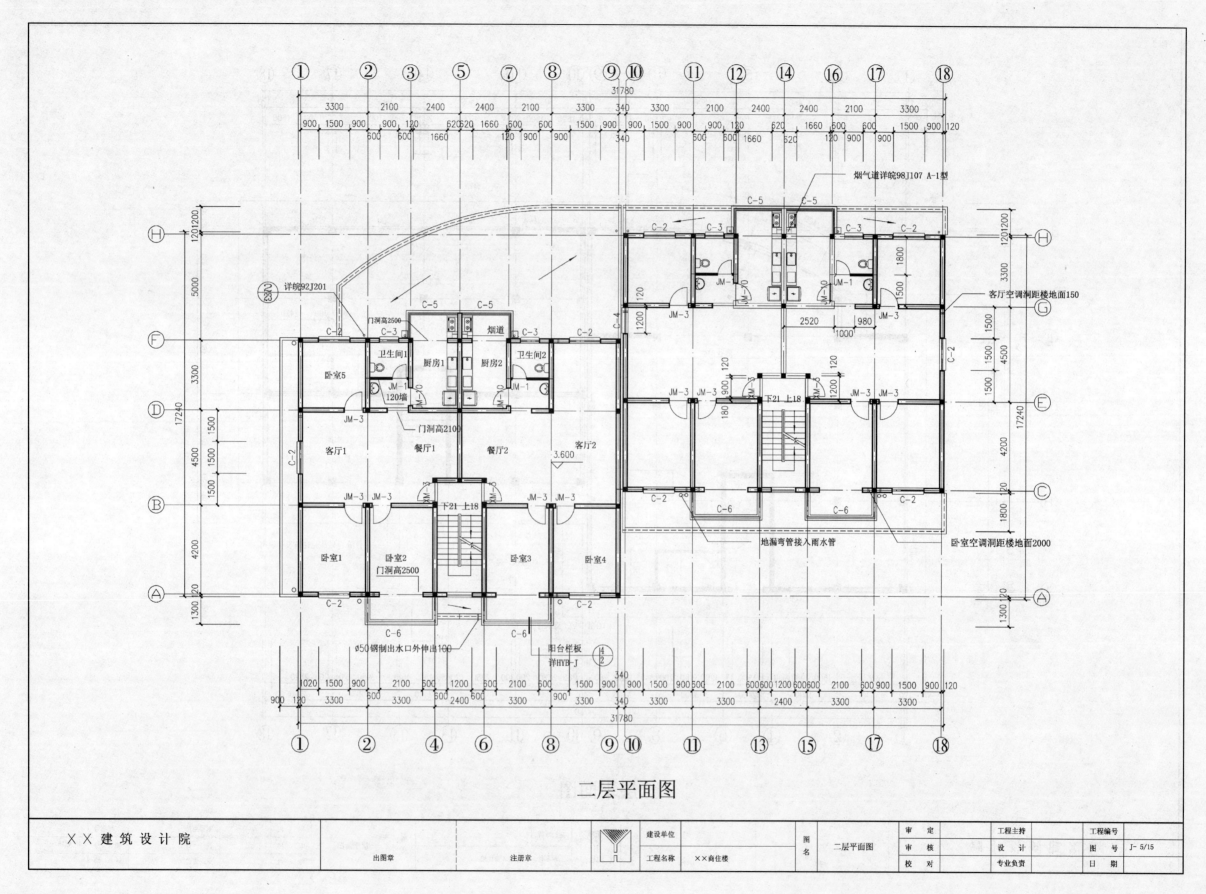

二层平面图

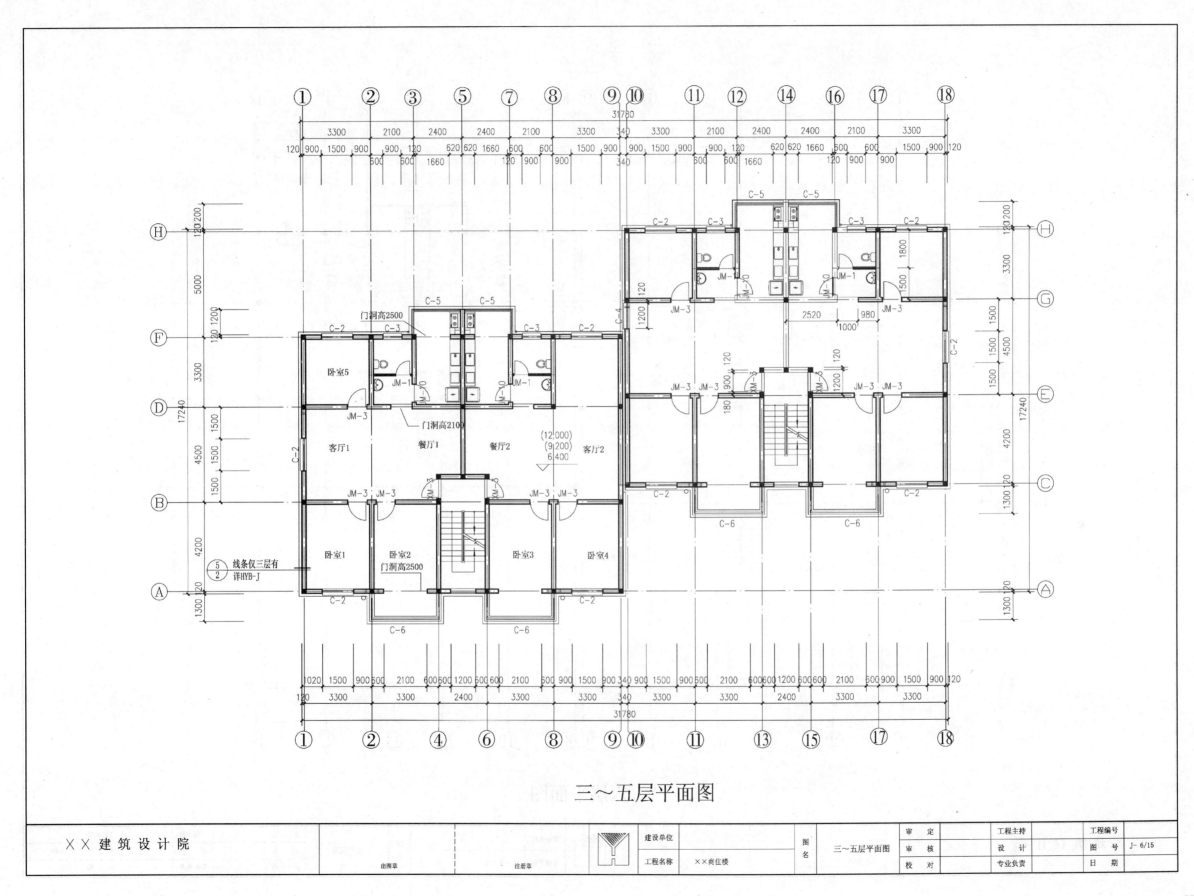

三～五层平面图

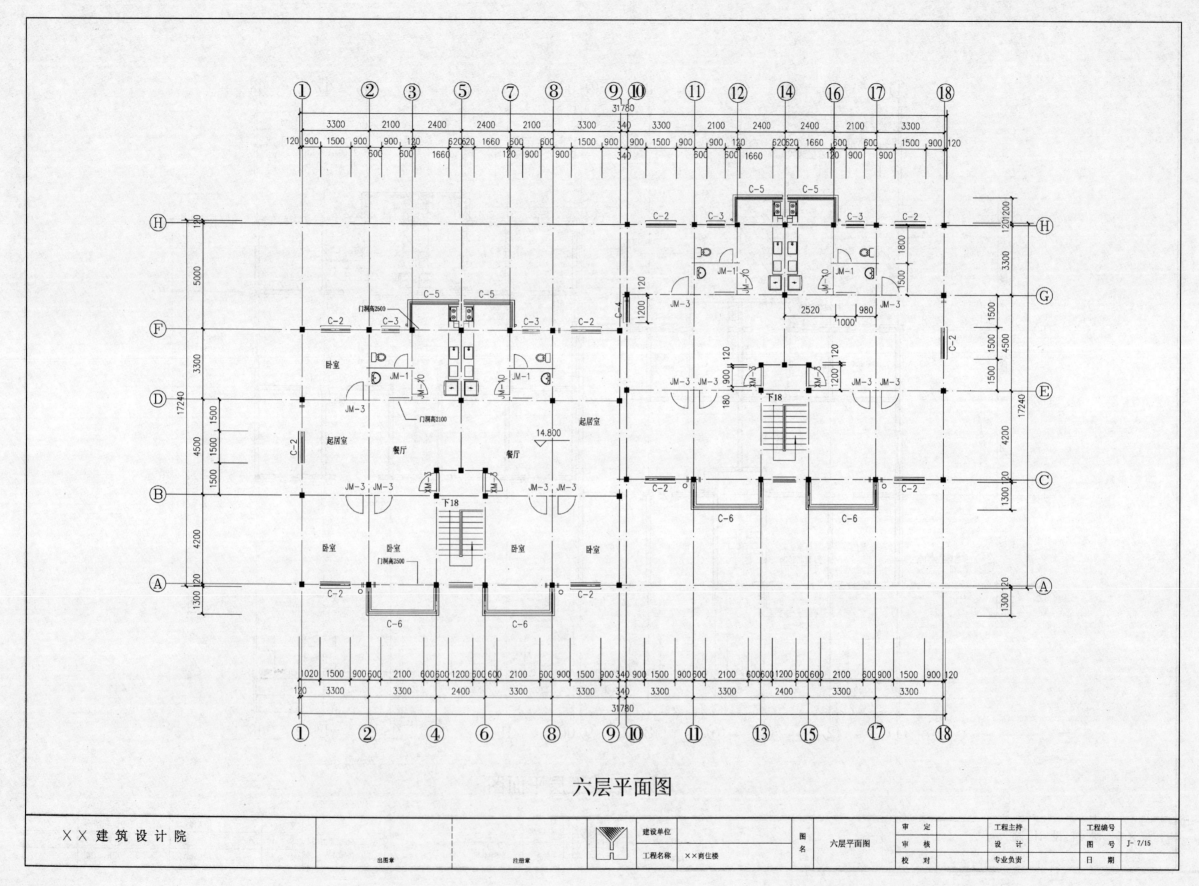

六层平面图

×× 建 筑 设 计 院		建设单位		图	六层平面图	审 定		工程主持		工程编号	
		工程名称	××商住楼	名		审 核		设 计		图 号	J-7/15
出图章	注册章					校 对		专业负责		日 期	

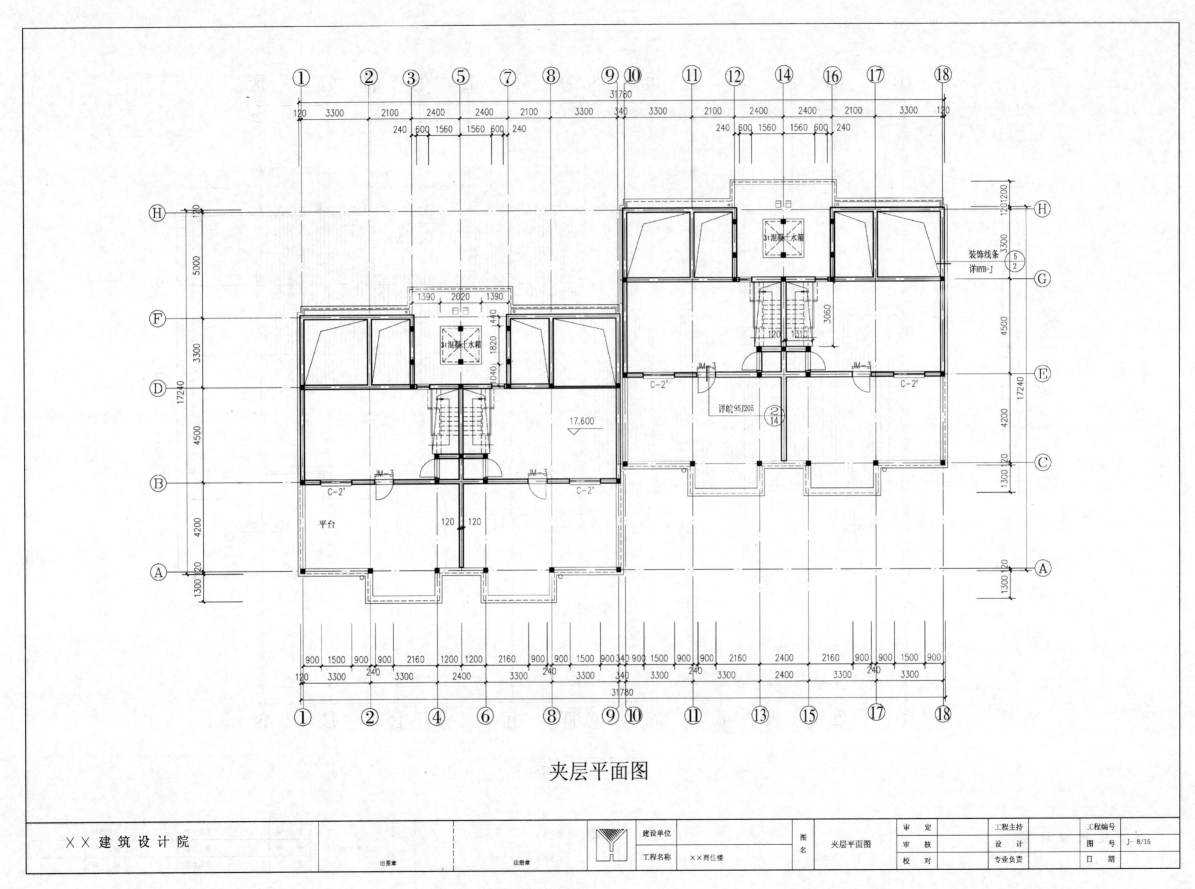

夹层平面图

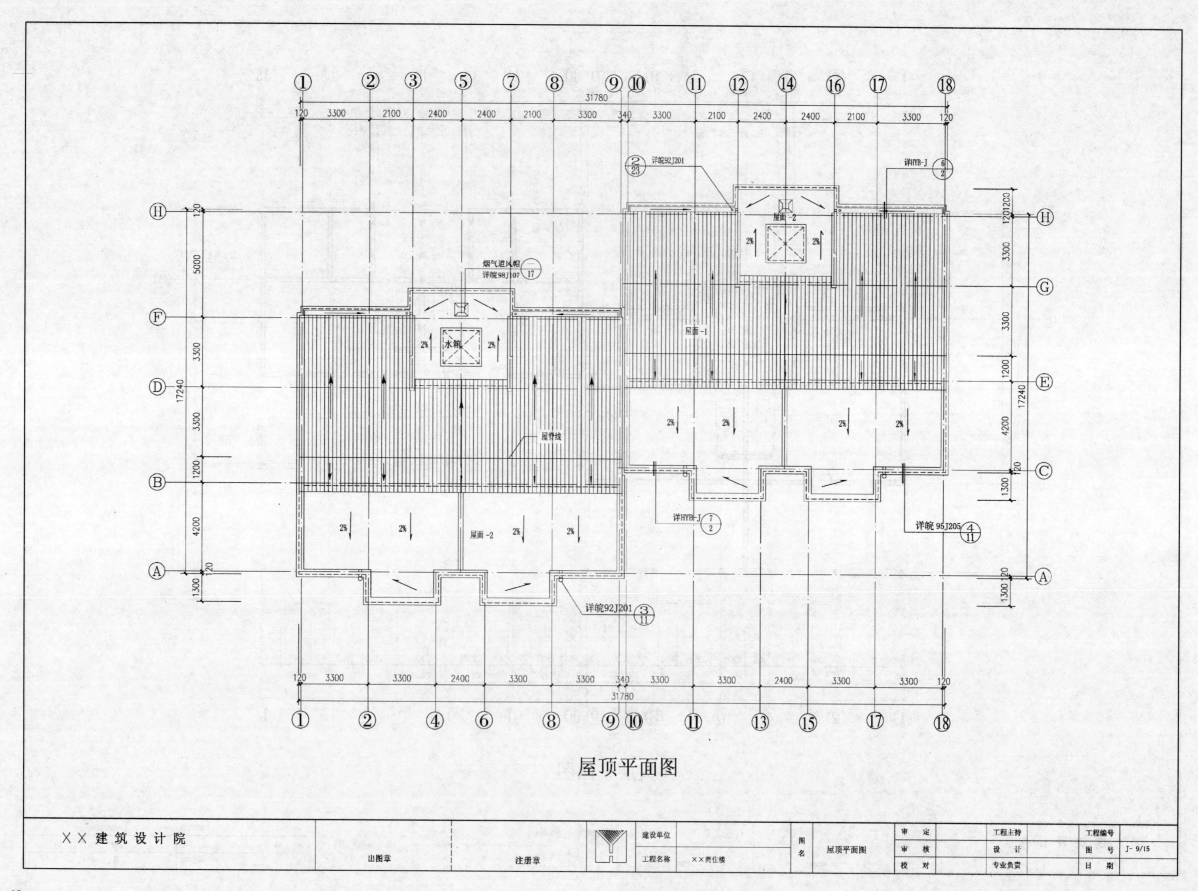

屋顶平面图

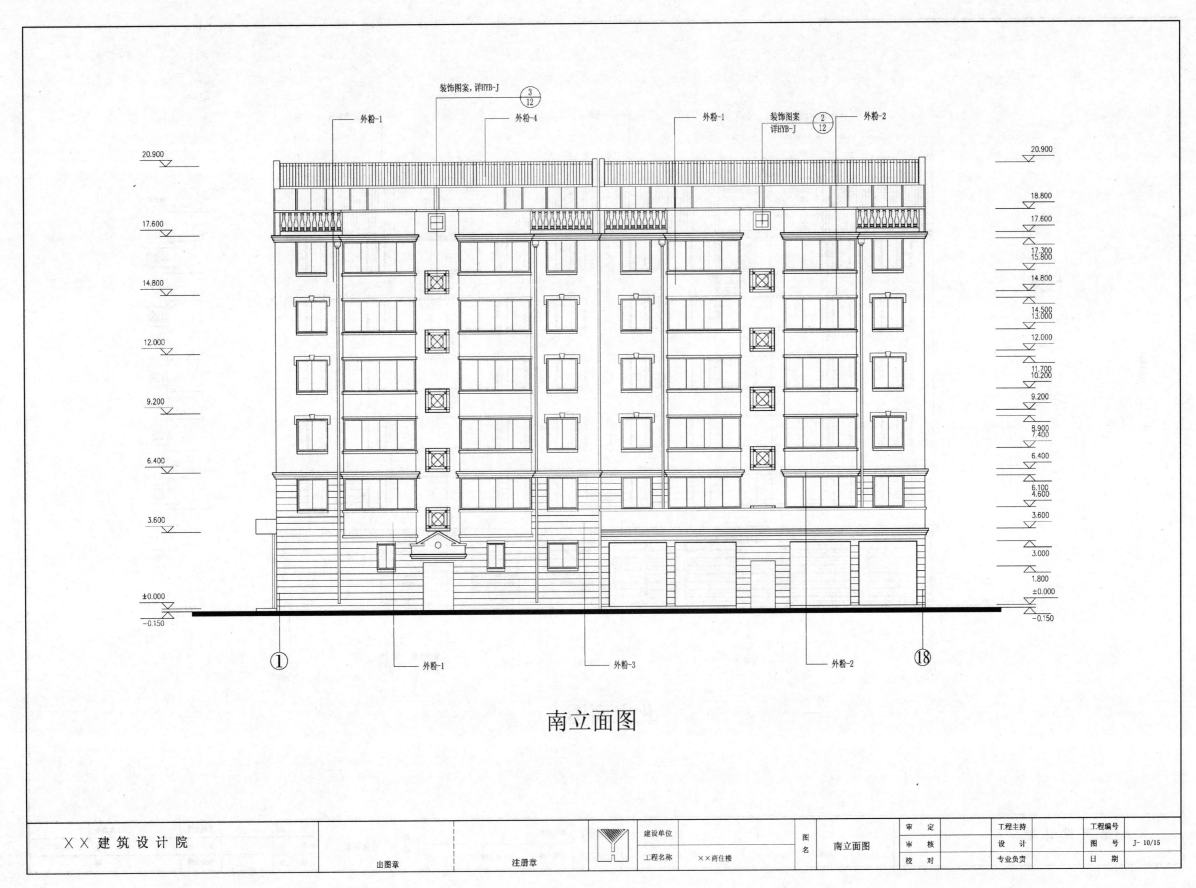

南立面图

外粉-1　外粉-4　外粉-1　外粉-2
装饰图案，详HYB-J ③/12
装饰图案 详HYB-J ②/12

20.900
17.600
14.800
12.000
9.200
6.400
3.600
±0.000
-0.150

20.900
18.800
17.600
17.300
15.800
14.800
14.500
13.000
12.000
11.700
10.200
9.200
8.900
7.400
6.400
6.100
4.600
3.600
3.000
1.800
±0.000
-0.150

① ⑱

外粉-1　外粉-3　外粉-2

×× 建 筑 设 计 院					建设单位		图		审 定		工程主持		工程编号	
					工程名称	××商住楼	名	南立面图	审 核		设 计		图 号	J- 10/15
出图章		注册章							校 对		专业负责		日 期	

69

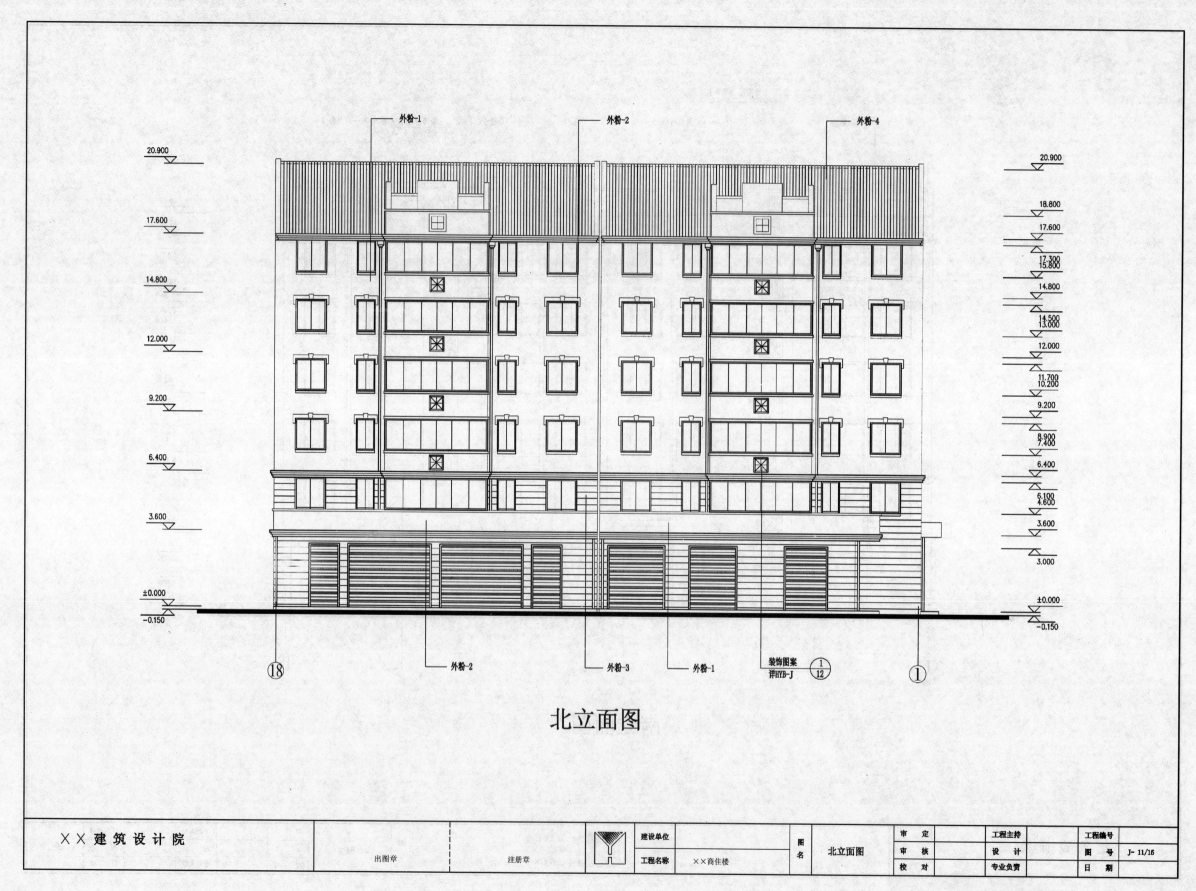

北立面图

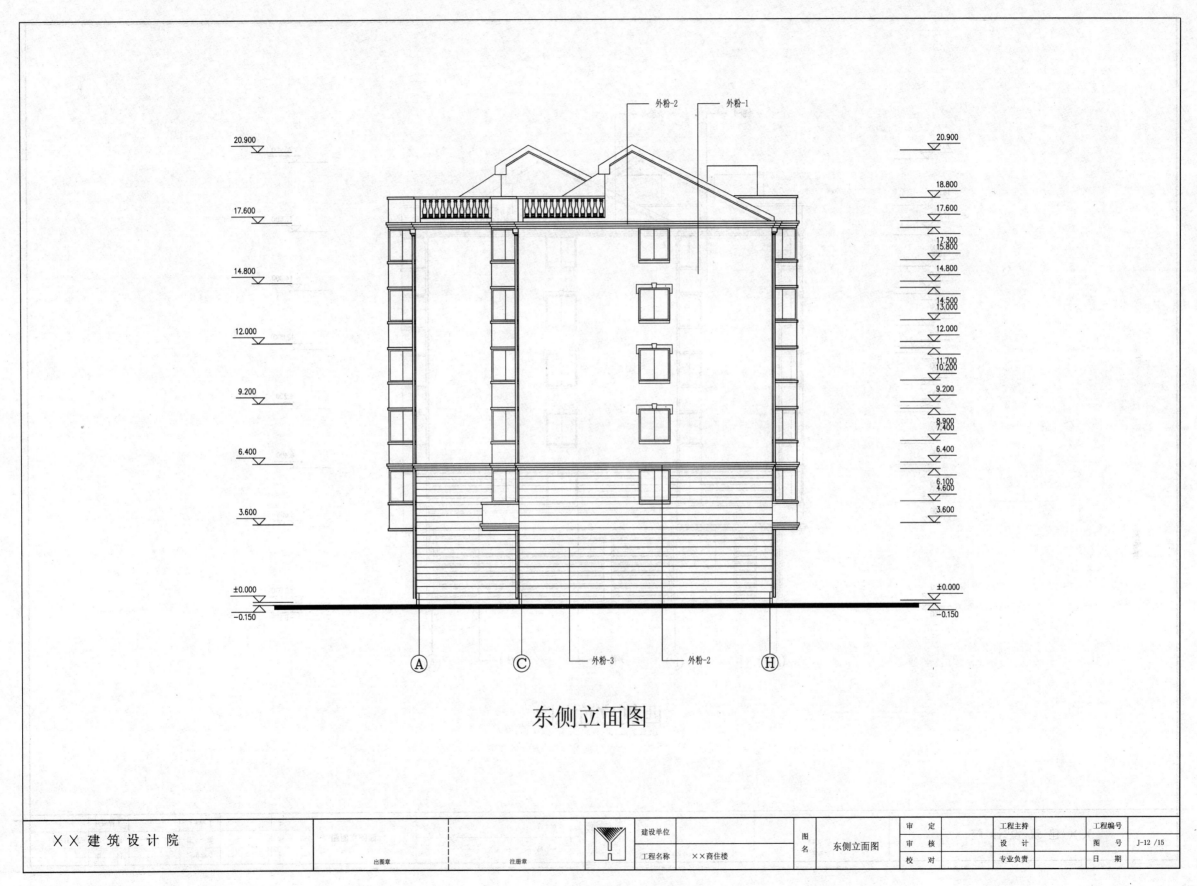

东侧立面图

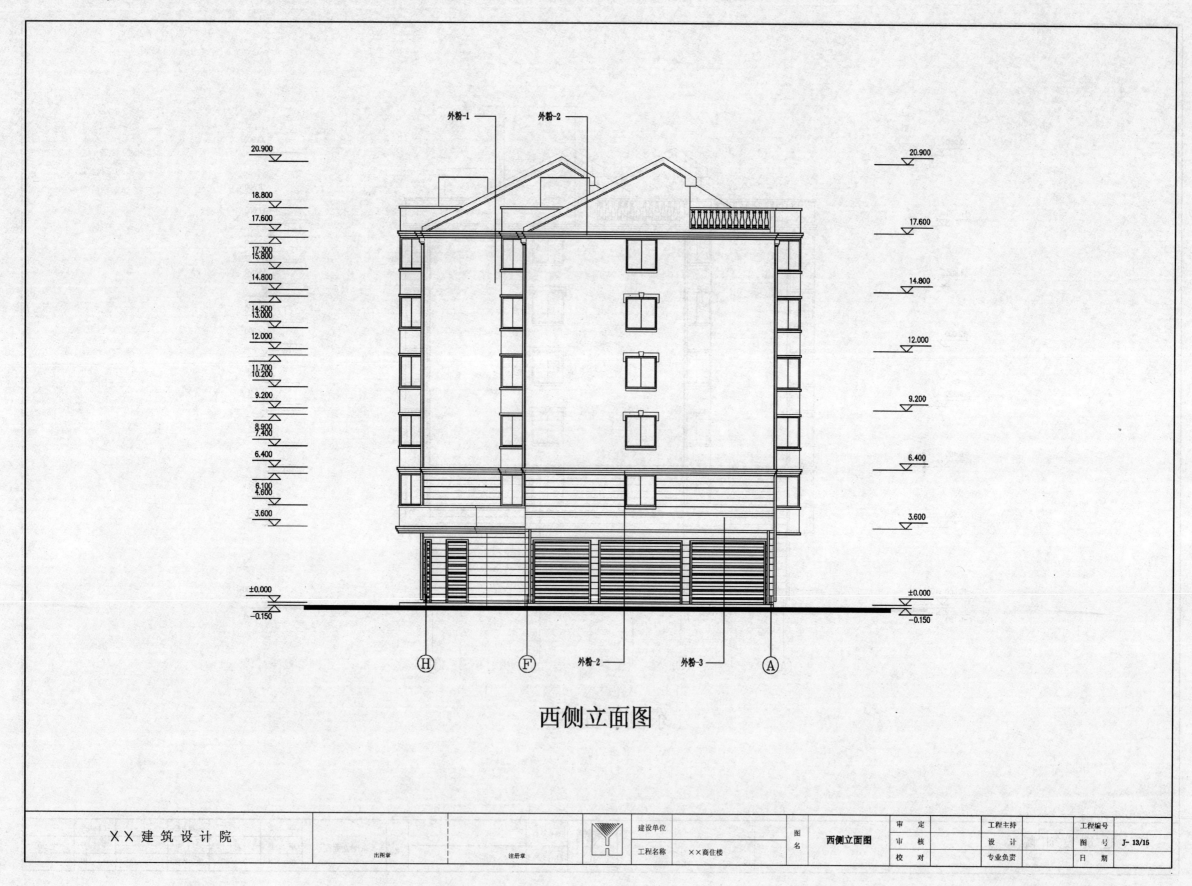

外粉-1 外粉-2

20.900

18.800
17.600
17.300
15.800
14.800

14.500
13.000
12.000

11.700
10.200
9.200

8.900
7.400
6.400

6.100
4.600
3.600

±0.000
−0.150

20.900

17.600

14.800

12.000

9.200

6.400

3.600

±0.000
−0.150

Ⓗ   Ⓕ'   外粉-2   外粉-3   Ⓐ

西侧立面图

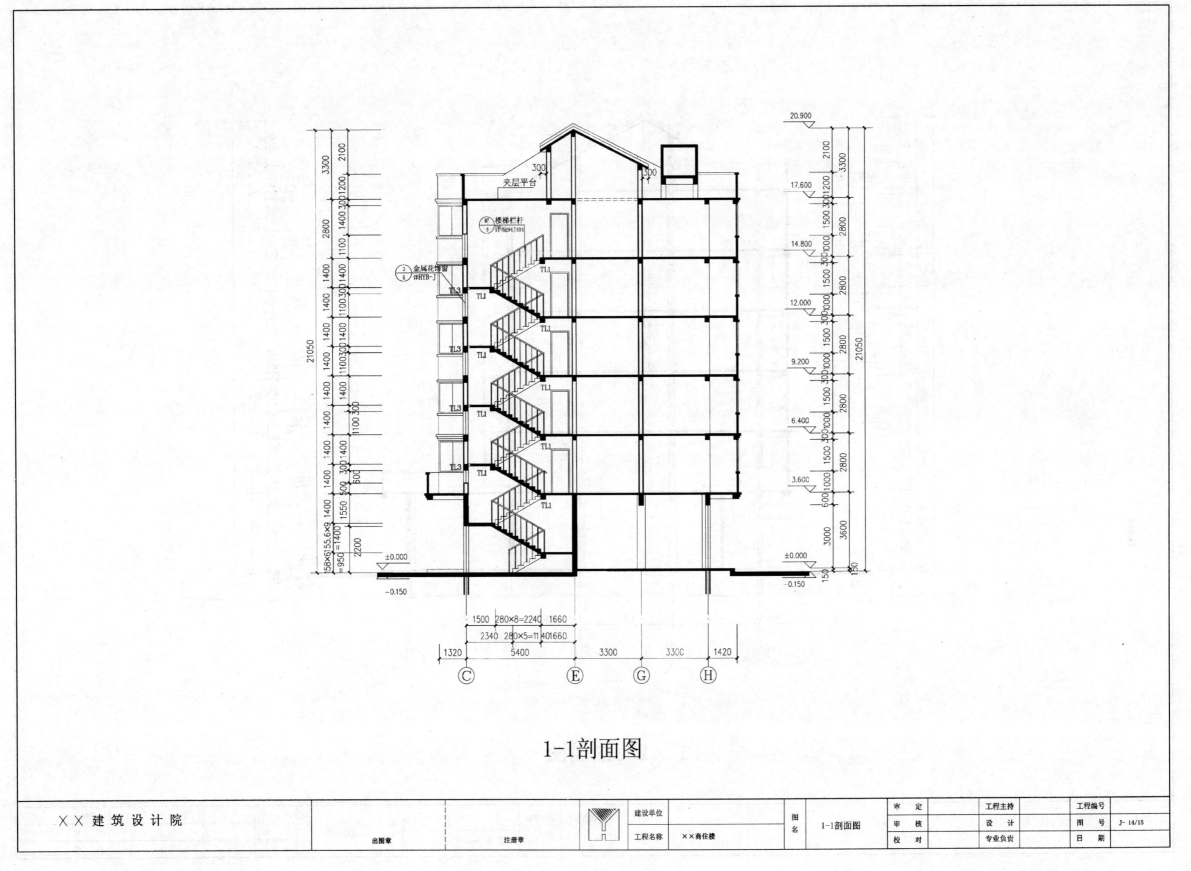

1-1剖面图

✕✕ 建 筑 设 计 院		出图章	注册章		建设单位		图名	1-1剖面图	审　定		工程主持		工程编号	
					工程名称	✕✕商住楼			审　核		设　计		图　号	J- 14/15
									校　对		专业负责		日　期	

73

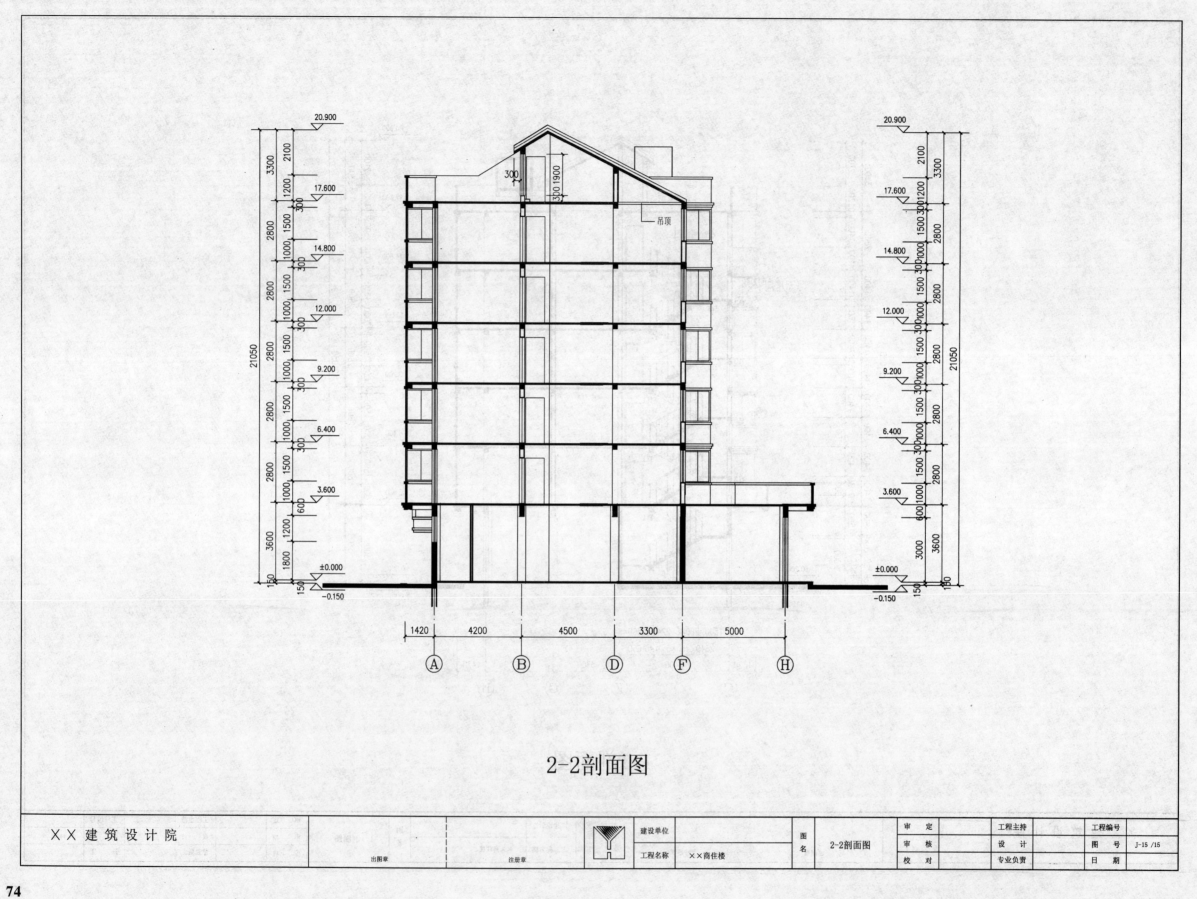

20.900

3300 2100

17.600
1200 300

2800 1500 300

14.800
1000 300

2800 1500 300

21050

12.000
1000 300

2800 1500 300

9.200
1000 300

2800 1500 300

6.400
1000 300

2800 1500

3.600
1000 600

3600 1200

±0.000

1800

150

−0.150

300

吊顶

300 1900

20.900

2100 3300

17.600
300 1200

1500 300 1000

14.800

2800

1500 300 1000

12.000

2800

21050

1500 300 1000

9.200

2800

1500 300 1000

6.400

2800

1500 300 1000

3.600

2800

600

±0.000

3000 3600

−0.150

150 150

1420   4200   4500   3300   5000

Ⓐ   Ⓑ   Ⓓ   Ⓕ   Ⓗ

2-2剖面图

××建筑设计院					建设单位		图名	2-2剖面图	审定		工程主持		工程编号	
	出图章		注册章		工程名称	××商住楼			审核		设计		图号	J-15 /15
									校对		专业负责		日期	

74

2. 结构施工图

底层框架砖房结构设计统一说明

■ **一、一般说明**

(一)本说明用于底层为钢筋混凝土框架-剪力墙结构,二层以上为砖混结构的房屋。

(二)标高以米为单位,其余均以毫米为单位。

(三)在本说明中,凡面有■符号者为本工程采用。

(四)本工程设计楼面活荷载标准值为:楼面1.5kPa;厨卫2.0kPa;阳台2.5kPa;屋面0.75kPa。

(五)本工程±0.000相当于绝对标高27.300。

■ **二、抗震设计**

(一)本工程抗震设防烈度为7度。

(二)本工程底层框架的抗震等级三级,剪力墙的抗震等级为三级。

■ **三、地基基础部分**

本工程基础系根据煤炭工业部合肥设计研究院提供的工程地质报告设计的。

■ (一)天然地基

1.本工程采用独立柱基础,根据勘探报告,基础埋置在③层粘土层上,地基承载力标准值f_k=280kPa。

2.基槽开挖时严禁曝晒或水浸,并应预留100~200mm厚待浇基础混凝土垫层时挖除。

3.底层120厚墙下无基础梁时,可直接砌置在混凝土地面上,做法按图(一)处理。

□ (二)桩基础

□ 本工程采用锤击式沉管灌注桩。

□ 桩基础的要求详见结施G。

■ (三)基础施工要求

1.对于各类型基础,若施工时发现地质情况与设计不符时,应通知设计人员和勘探人员共同研究处理。

2.基槽挖至距设计标高100~200mm时,应通知质检、设计、勘探人员到场验槽,合格后方可继续施工;基坑开挖时施工单位应做好降水和支护工作,应制定可靠的施工组织设计,确保相邻建筑的安全。

3.基础施工完毕后,应及时回填土,墙两侧和柱基四周应同时分层回填,回填土采用素土回填,每层回填厚300,不得采用杂填土或膨胀土回填。

4.防潮层采用1:2水泥砂浆内掺3%防水剂粉20厚。

■ **四、采用材料**

■ (一)现浇部分

1.基础垫层为C10混凝土。

2.二层楼面的框架梁、次梁、板混凝土强度等级为C30;基础顶面至二层楼面的框架柱、剪力墙的混凝土强度等级为C30。

3.二层以上现浇梁、板、构造柱的混凝土强度等级均为C20。

■ (二)墙体部分

二层以上的墙体采用材料如下:

1.砖用机制粘土砖,不得采用缺角、断裂、外形不齐的劣质砖。

2.二层楼面以上至三层楼面用MU10砖,M10混合砂浆。

三层楼面以上至五层楼面用MU10砖,M7.5混合砂浆。

五层楼面以上至屋顶用MU10砖,M5.0混合砂浆。

底层框架填充墙:

1.底层框架填充墙在标高±0.000以下的均采用MU10粘土机制砖,M5水泥砂浆砌筑。

2.标高±0.000以上墙体均采用非承重粘土空心砖,M5混合砂浆砌筑,墙厚按建筑平面图所注尺寸。

■ (三)钢筋部分

钢筋采用Φ为HRB235,f_y=210 MPa。

钢筋采用Φ为HRB335,f_y=310 MPa。

■ 五、底层框架构造按97G329(六)图集施工,底层后砌砖墙与框架柱的拉结按第28页节点①②③④,底层后砌砖墙的顶部拉结按第29页节点①~⑥,框架梁、柱及剪力墙的钢筋构造按97G329(六)相应节点施工。

■ 六、钢筋混凝土构造柱的施工按皖200J102图集,要求先砌墙后浇混凝土,墙应留马牙槎,构造柱与墙体的拉接筋按200J102图集第27页;构造柱的纵筋搭接,箍筋加密按第27页;二层楼面构造柱的插筋按图集第25页要求施工。

■ 七、现浇板内未注明的分布筋均为φ6@250,未注明的板面负筋为φ8@200,结构平面图中现浇板的负筋长度是指梁(墙)边至钢筋端部的长度,下料时应加上梁(墙)的宽度。

结构平面图中板钢筋代号规定如下: K6-φ6@200, K8-φ8@200, K10-φ10@200, K12-φ12@200。

G6-φ6@150, G8-φ8@150, G10-φ10@150, G12-φ12@150。

S6-φ6@100, S8-φ8@100, S10-φ10@100, S12-φ12@100。

■ 八、楼板开洞:板上圆孔直径或方孔边长等于或大于300时,应设钢筋加固,小于300时可不设加强筋,板筋应绕孔边通过。

■ 九、钢筋保护层厚度分别为:现浇板为15mm;梁柱为25mm;基础35mm。

■ 十、框架梁、柱纵向钢筋的锚固长度L_{aE}按下表采用:

混凝土强度等级	C20	C25	C30
钢筋种类	HRB335	HRB335	HRB335
抗震等级	三、四级		
	40d	35d	30d

■ 十一、框架梁、柱纵向钢筋的搭接长度l_{1E}为锚固长度的1.2倍,即:l_{1E}=1.2l_{aE}。

■ 十二、凡在结构平面图中未特别注明的门窗过梁统一按下述处理:(L_n=洞宽+500)

1.当洞宽≤1000时,采用钢筋砖过梁,用1:2水泥砂浆做保护层厚30,下放3φ6钢筋伸入支座长度为250。

2.1000<洞口宽度≤1800时,采用现浇过梁,梁宽同墙宽,梁高h=150,纵筋4φ10,箍筋为φ6@200。

3.1800<洞口宽度≤2400时,采用现浇过梁,梁宽同墙宽,梁高h=180,纵筋4φ12,箍筋为φ6@200。

4.对于洞口一侧为框架柱时,应在柱内按上述要求预埋过梁纵筋,纵筋锚入柱内300,外伸300,浇筑过梁时过梁的纵筋应与预埋筋搭接焊牢,焊缝长度当为单面焊时为10d,双面焊时为5d。

5.当洞顶至结构梁底小于上述的钢筋砖过梁高度或钢筋混凝土过梁高度时,过梁与结构梁浇成整体如图二。

■ 十三、当圈梁兼过梁且门窗洞口的宽度大于或等于1500时,该处圈梁内应另加1φ12底筋,L_n=洞宽+500。

■ 十四、屋面水箱采用95G409图集。

■ 十五、所有的设备预留孔、预埋件必须与相关的施工图密切配合施工,做好预留预埋工作,不得事后开凿。

■ 十六、所有外露铁件均须刷红丹二度,刷调合漆二度。

■ 十七、屋面检修孔孔壁按图三施工。

■ 十八、本工程应严格按照国家颁发的建筑工程施工及验收规范、规程进行施工;并应与建筑、给水排水、电气、暖通等专业密切配合。

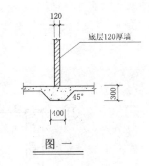

图 一

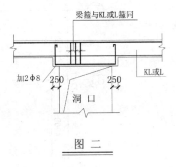

图 二

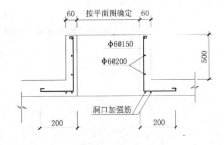

图 三 检修孔剖面

╳╳建筑设计院		出图章	注册章		建设单位		图名	底层框架砖房结构设计统一说明	审定		工程主持		工程编号	
					工程名称	╳╳商住楼			审核		专业负责		图号	
									校对		设计		日期	

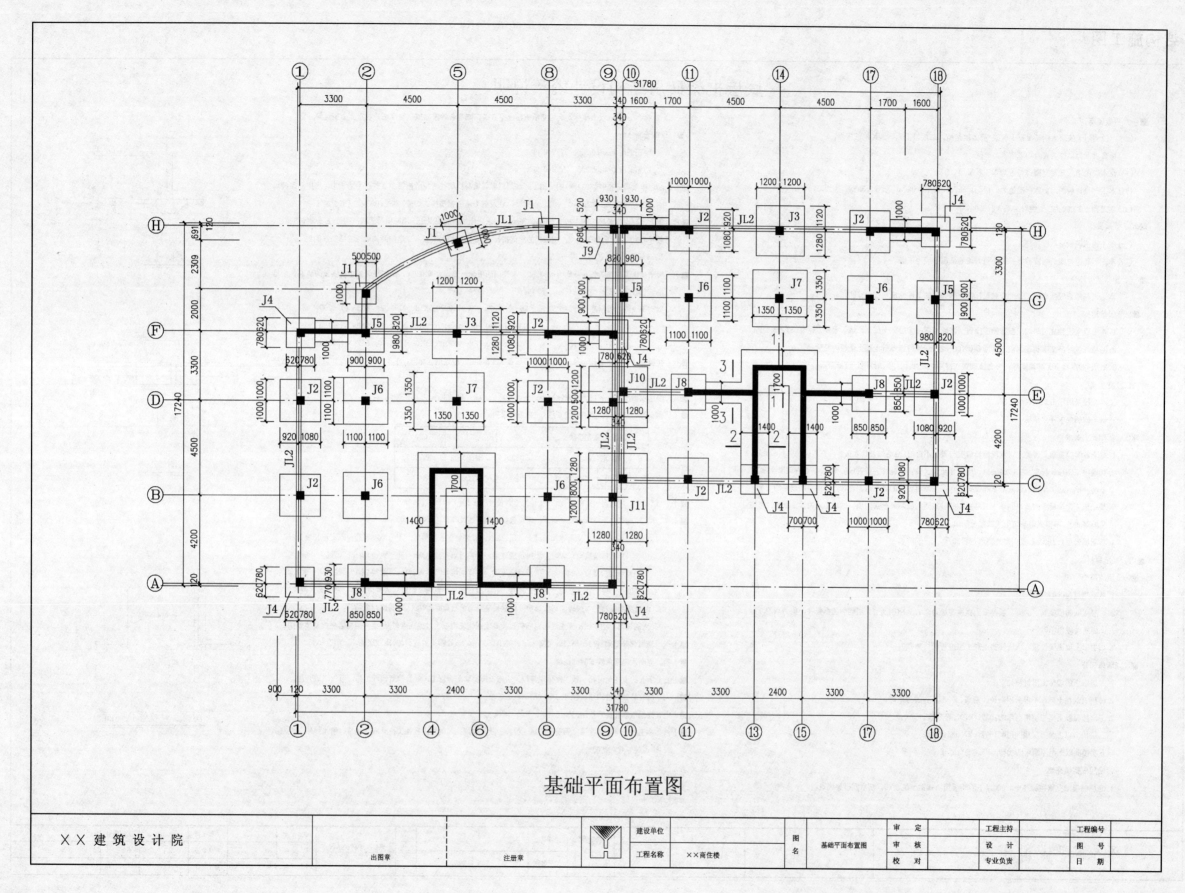

基础平面布置图

×× 建 筑 设 计 院		出图章		注册章			建设单位			图	基础平面布置图	审 定		工程主持		工程编号	
							工程名称	××商住楼		名		审 核		设 计		图 号	
												校 对		专业负责		日 期	

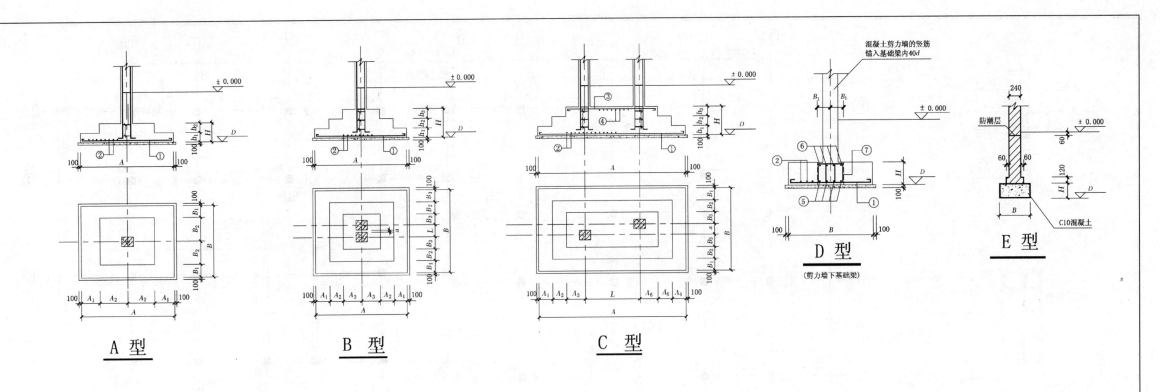

A 型   B 型   C 型

D 型
(剪力墙下基础梁)

E 型

混凝土剪力墙的竖筋锚入基础梁内40d

防潮层

C10混凝土

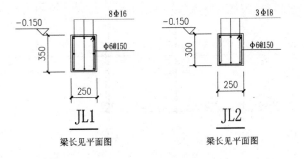

8Φ16
-0.150
Φ6@150
350
250
JL1
梁长见平面图

3Φ18
-0.150
Φ6@150
300
250
JL2
梁长见平面图

说明:
1. 材料采用:垫层为C10素混凝土;柱基础为C20混凝土;条形基础梁为C20混凝土。
2. 基础底板中钢筋保护层厚度为35。
3. 柱子插筋及柱断面尺寸同底层框架柱,插筋锚入基础内40d。
4. 当底板钢筋采用螺纹钢时,末端不设弯钩。
5. A、B、C类基础,当底边长度A或B大于3m时,该方向的钢筋长度可缩短10%,并交错放置。

注:本套结构图不得用于实际施工。

基 础 尺 寸 及 配 筋 表

基础编号	基础类型	基底标高 D	基础高度				基础底板尺寸										底板配筋				基础梁配筋		
			H	h_1	h_2	h_3	A	A_1 A_4	A_2 A_5	A_3 A_6	B	B_1	B_2	B_3	L	a	①	②	③	④	⑤	⑥	⑦
J-1	A1	-2.000	600	300	300		1000		300		1000	300					Φ12@200	Φ12@150					
J-2	A2	-2.000	600	300	300		2000		600		2000	600					Φ12@200	Φ12@150					

XX 建 筑 设 计 院

建设单位		图名	独立柱基础表	审定		工程主持		工程编号	
出图章				审核		设计		图号	G-3/13
工程名称	XX商住楼			校对		比例		日期	

77

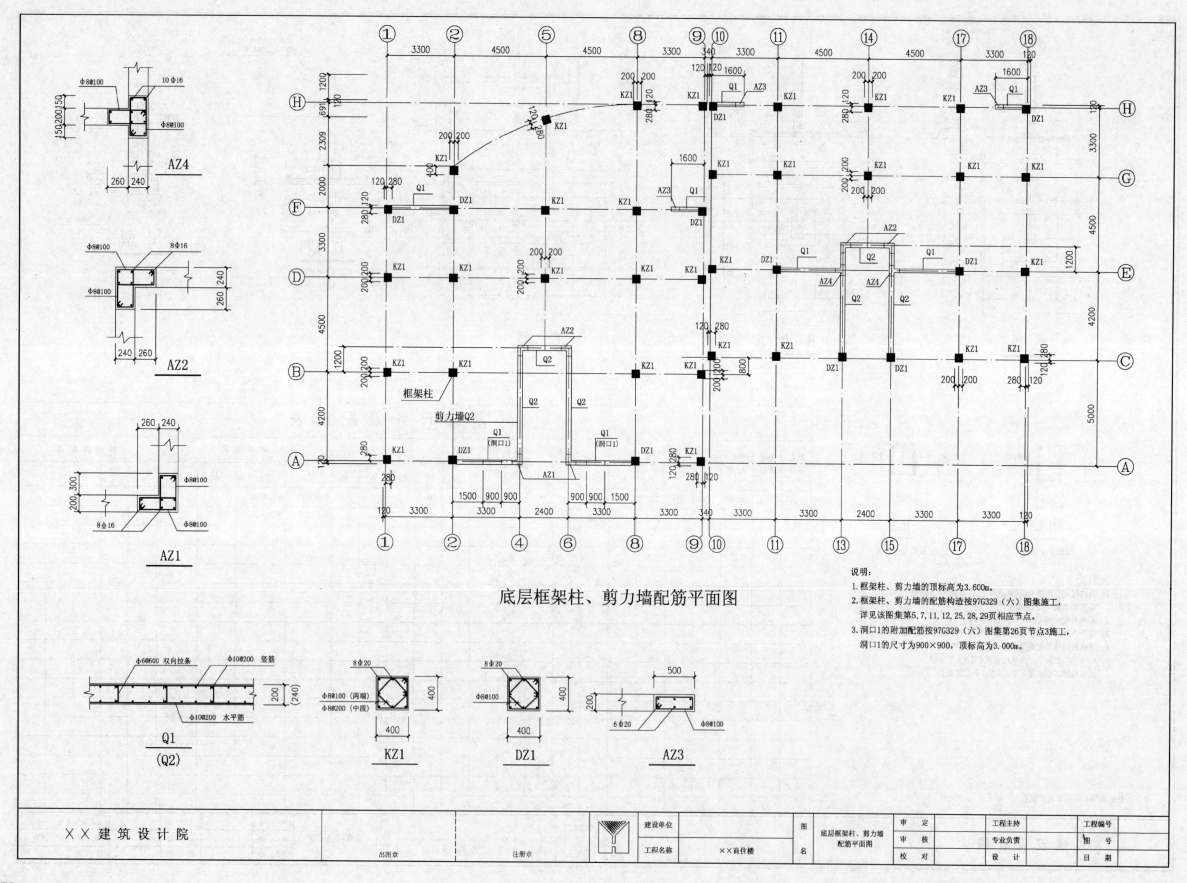

底层框架柱、剪力墙配筋平面图

说明:
1. 框架柱、剪力墙的顶标高为3.600m。
2. 框架柱、剪力墙的配筋构造按97G329（六）图集施工，
   详见该图集第5,7,11,12,25,28,29页相应节点。
3. 洞口1的附加配筋按97G329（六）图集第26页节点3施工，
   洞口1的尺寸为900×900，顶标高为3.000m。

AZ4

AZ2

AZ1

Q1
(Q2)

KZ1

DZ1

AZ3

××建筑设计院

出图章   注册章

建设单位

工程名称   ××商住楼

图名   底层框架柱、剪力墙
        配筋平面图

审定   工程主持   工程编号
审核   专业负责   图号
校对   设计   日期

78

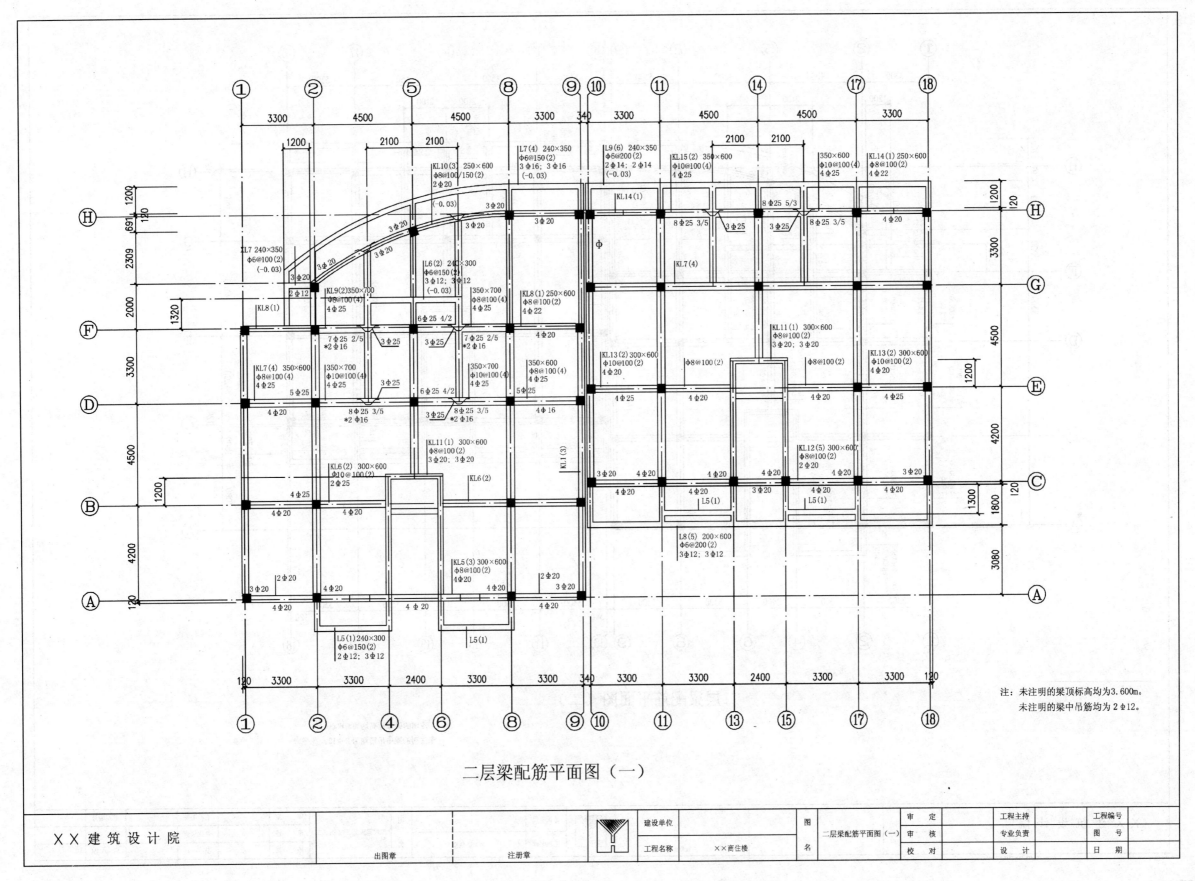

二层梁配筋平面图（一）

注：未注明的梁顶标高均为3.600m。
　　未注明的梁中吊筋均为2Φ12。

XX建筑设计院

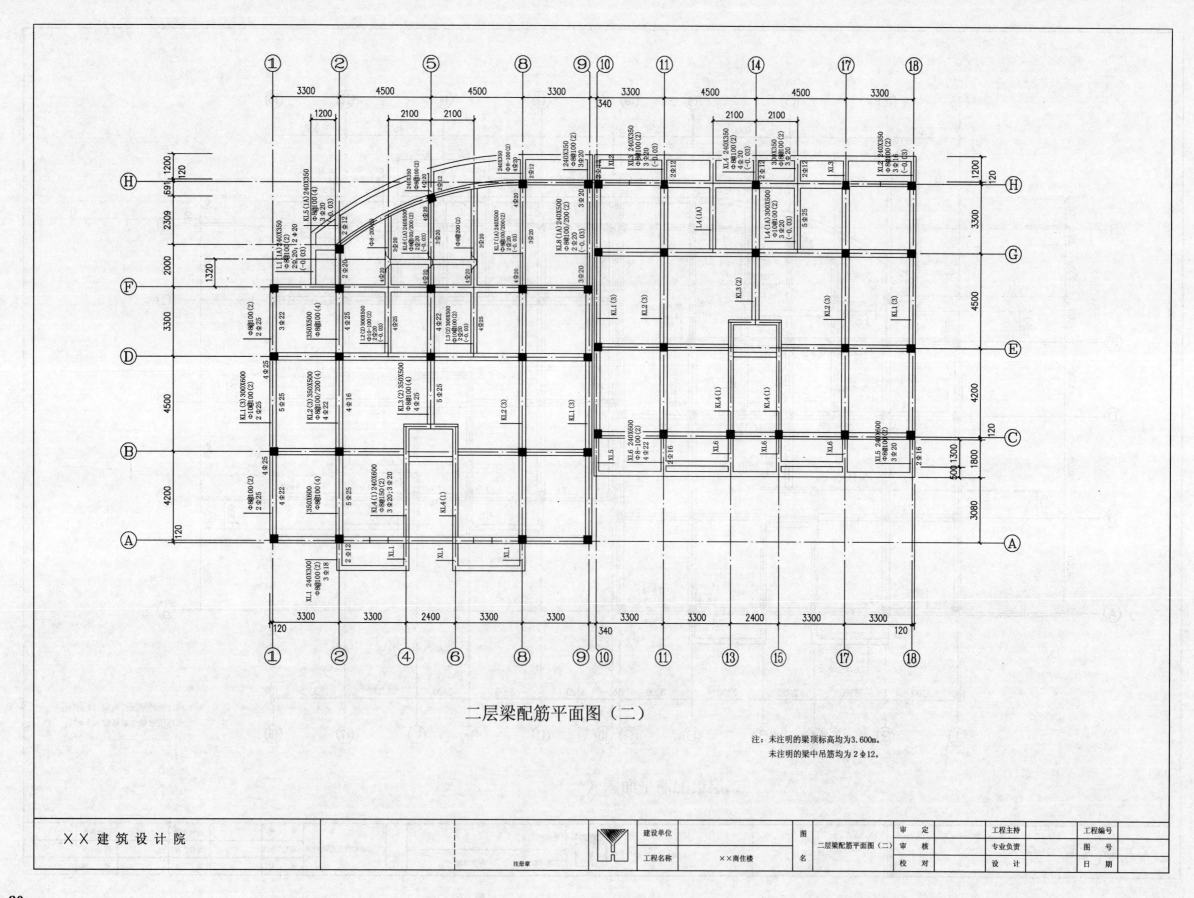

二层梁配筋平面图（二）

注：未注明的梁顶标高均为3.600m。
　　未注明的梁中吊筋均为2Φ12。

XX建筑设计院

		审　定		工程主持		工程编号	
建设单位		图	二层梁配筋平面图（二）	审　核		专业负责		图　号	
工程名称	XX商住楼	名		校　对		设　计		日　期	

80

79页、80页图详细解读

(钢筋混凝土结构平面整体表示法 梁构造通用图说明)

■ 施工人员应认真阅读本说明，并严格按照本图所有构造要求进行施工。
■ 本说明中"钢筋混凝土结构平面整体表示法"简称"平法"。

一、总则

（一）本图与96G101图集配套使用，本图说明未详尽之处按96G101图集执行。
（二）本图所有构造规定和节点构造做法依据：《混凝土结构设计规范》GBJ10-1989，《建筑抗震设计规范》GBJ11-1989，《钢筋混凝土高层建筑设计与施工规程》JGJ3-1991，当规范做修订时，本图按做相应修正。
（三）本图未包括的特殊构造和特殊节点构造，应由设计者自行设计绘制。

二、"平法"梁平面配筋图的绘制说明

（一）代号和编号规定
■ 有代号和编号的梁与本图中相应梁的构造做法呈相互对应关系

梁类型	代号	序号	跨数(A:一端悬挑，B:两端悬挑)		
楼层框架梁	KL	XXX	(XX)	(XXA)	(XXB)
屋面框架梁	WKL	XXX	(XX)	(XXA)	(XXB)
非框架梁	L	XXX	(XX)	(XXA)	(XXB)
圆弧形梁	HL	XXX	(XX)	(XXA)	(XXB)
纯悬挑梁	XL	XXX	(XX)	(XXA)	(XXB)

（二）梁平面配筋图的标注方法
■ 关于梁的几何要素和配筋要素，多跨通用的$b \times h$、箍筋、抗扭纵筋、侧面筋和上皮跨中筋为基本值采用集中注写；上皮支座和下皮的纵筋值，以及其跨内特殊的$b \times h$，箍筋，抗扭纵筋，侧面筋和上皮跨中筋采用原位注写；梁代号同集中注写的要素在一起，代表许多跨；原位注写的要素仅代表本跨。

1. KL，WKL，L，HL的标注方法
（1）与梁代号写在一起的$b \times h$，箍筋、抗扭纵筋、侧面筋和上皮跨中筋均为基本值，从梁的任意一跨引出集中注写；个别跨的$b \times h$，箍筋，抗扭纵筋，侧面筋和上皮跨中筋与基本值不同时，则将其特殊值原位标注，原位标注取值优先。
（2）抗扭纵筋和侧面筋前面须加"*"号。
（3）原位注写梁上，下皮纵筋，当上皮或下皮多于一排时，则将各排筋按从上往下的顺序用斜线"/"分开；当同一排筋为两种直径时，则用加号"+"将其连接；当上皮纵筋全跨同样多时，则仅在跨中原位注写一次，支座端免去不注；当梁的中间支座两边上皮纵筋相同时，则可将配筋仅注在支座某一边的梁上皮位置。
2. XL、KL、WKL、L、HL悬挑端的标注方法(除下列三条外，与KL等的规定相同)
（1）悬挑梁的梁根部与梁端高度不同时，用斜线"/"将其分开，即$b \times h_1/h_2$，h_1为梁根高度。
（2）当$1500 \leq L < 2000$时，悬挑梁根部应设$2 \phi 14$鸭筋，
当$2000 < L \leq 2500$时，悬挑梁根部应设$2 \phi 16$鸭筋，
当$L \geq 2500$时，悬挑梁根部应设$2 \phi 18$鸭筋。
3. 箍筋肢数用括号括住的数字表示，箍筋加密与非加密区间距用斜线"/"分开。例如：8-100/200(4)表明箍筋加密区间距为100，非加密区间距为200，四肢箍。
4. 附加箍筋(加密箍)附加于吊筋绘在支座的主梁上，配筋值在图中统一说明，特殊配筋值原位引出标注。
5. 当梁平面布置过密，全标注有困难时，可按纵横梁分开画在两张图上。
6. 多数相同的梁顶面标高在图面说明中统一注明，个别特殊的标高原位加注高差。
（三）关于梁上起柱
■ 梁上起柱(LZ)的设计规定与构造详见"平法"柱构造通用图，在"平法"梁平面配筋图(LZ)柱根的梁上设加密箍，不漏做。

三、各类梁的构造做法详见本图图示和《混凝土结构施工图平面整体表示方法制图规则和构造详图》96G101图集。

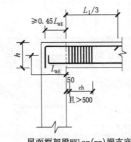

屋面框架梁WKLxx(xx)端支座

注：跨内纵筋，箍筋构造同KL。
■ 当非抗震时，本图L_{aE}均为L_a及相应搭接长度。
■ 带"*"号的抗扭纵筋全跨通长，锚固长度均为L_{aE}。

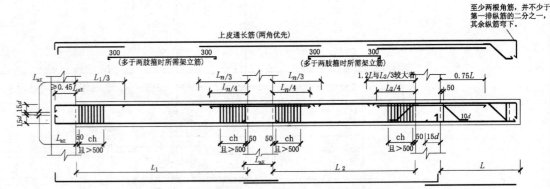

楼层框架梁 KL.xx(2A)正投影配筋

注：1.箍筋加密范围：一级抗震时，$ch=2h$，二-四级抗震时，$ch=1.5h$。
2.当梁上计算弯矩需要较长负弯矩配筋时，另由设计者注明。

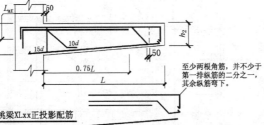

挑梁XL.xx正投影配筋

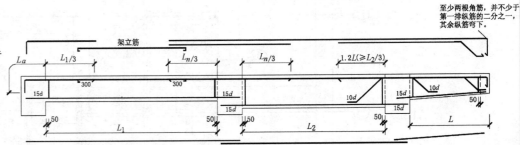

非框架梁 L.xx(2A)正投影配筋

注：梁上皮纵筋只在跨中注一次时，则全跨通长，梁上皮纵筋写入括号内，则该筋为架立筋。

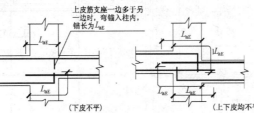
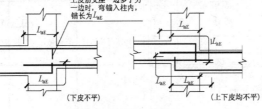

梁中间支座和共用支座构造做法

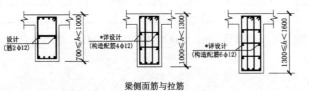

梁侧面筋与拉筋

注：1.拉筋直径与箍筋相同，间距3倍箍距，排数见上图。
2.当图上未注明箍筋肢数时，规定当梁宽≥350时采用四肢箍。

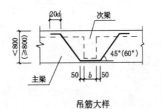
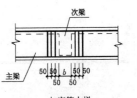

吊筋大样   **加密箍大样**

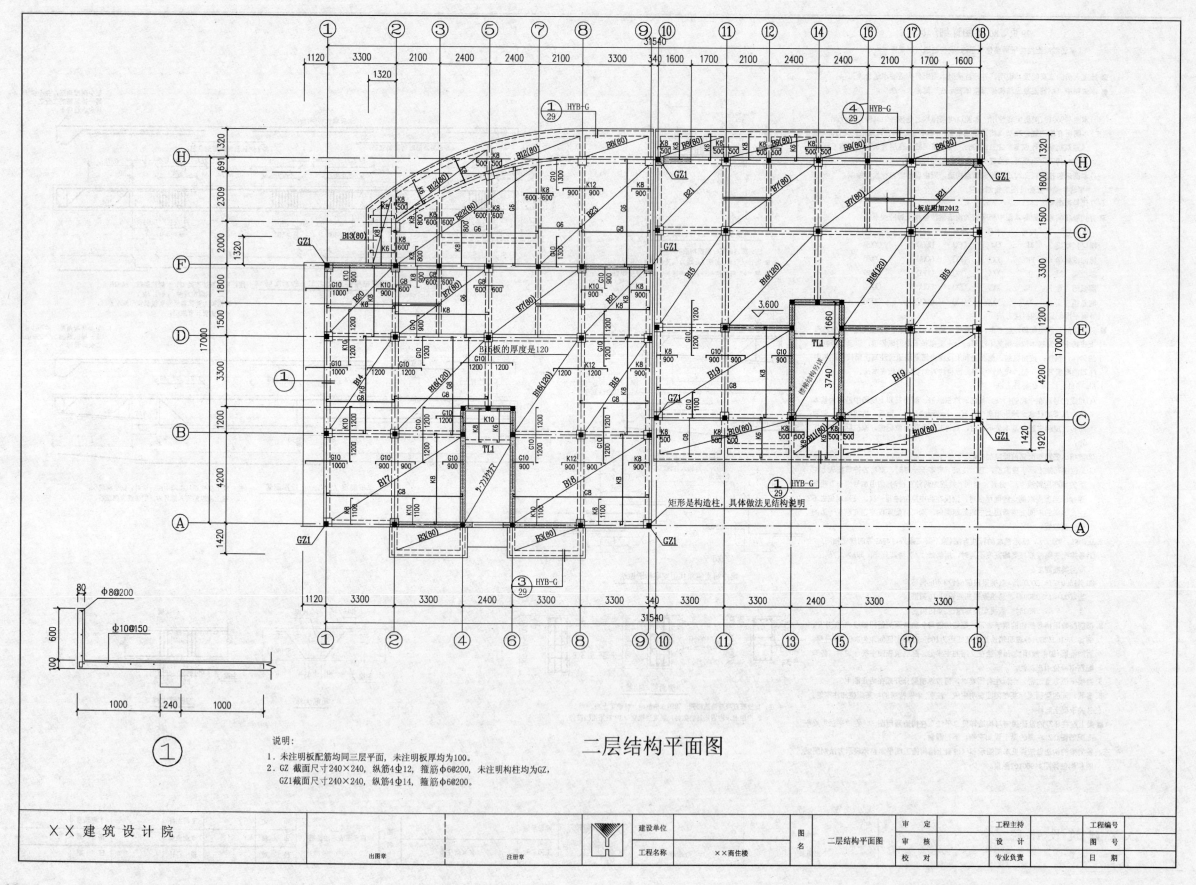

二层结构平面图

说明:
1. 未注明板配筋均同三层平面,未注明板厚均为100。
2. GZ 截面尺寸240×240,纵筋4Φ12,箍筋Φ6@200,未注明构柱均为GZ,
   GZ1截面尺寸240×240,纵筋4Φ14,箍筋Φ6@200。

ХХ建筑设计院				建设单位		图名	二层结构平面图	审定		工程主持		工程编号	
	出图章		注册章	工程名称	ХХ商住楼			审核		设计		图号	
								校对		专业负责		日期	

82

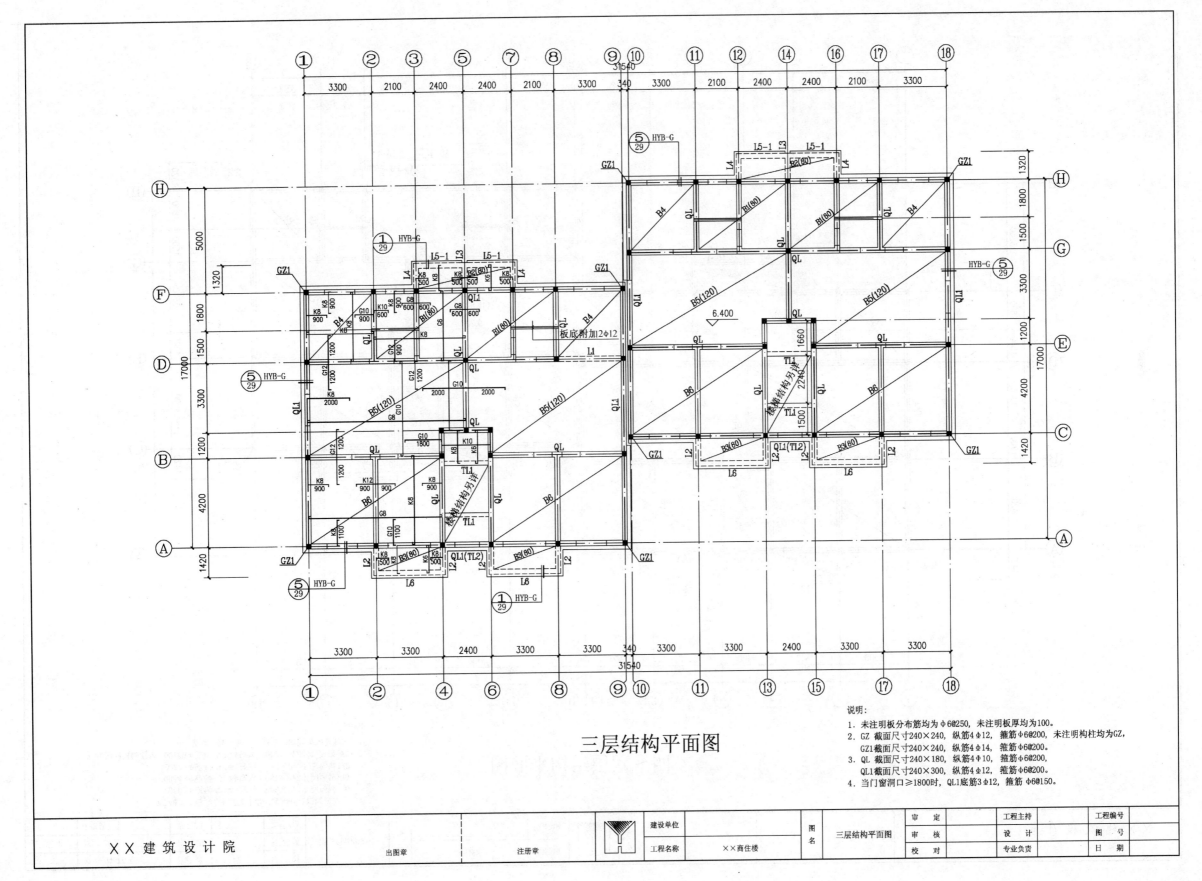

三层结构平面图

说明:
1. 未注明板分布筋均为φ6@250,未注明板厚均为100。
2. GZ 截面尺寸240×240,纵筋4φ12,箍筋φ6@200,未注明构柱均为GZ,GZ1截面尺寸240×240,纵筋4φ14,箍筋φ6@200。
3. QL 截面尺寸240×180,纵筋4φ10,箍筋φ6@200,QL1截面尺寸240×300,纵筋4φ12,箍筋φ6@200。
4. 当门窗洞口≥1800时,QL1底筋3φ12,箍筋φ6@150。

XX建筑设计院		出图章	注册章		建设单位		图名	三层结构平面图	审定		工程主持		工程编号	
					工程名称	XX商住楼			审核		设计		图号	
									校对		专业负责		日期	

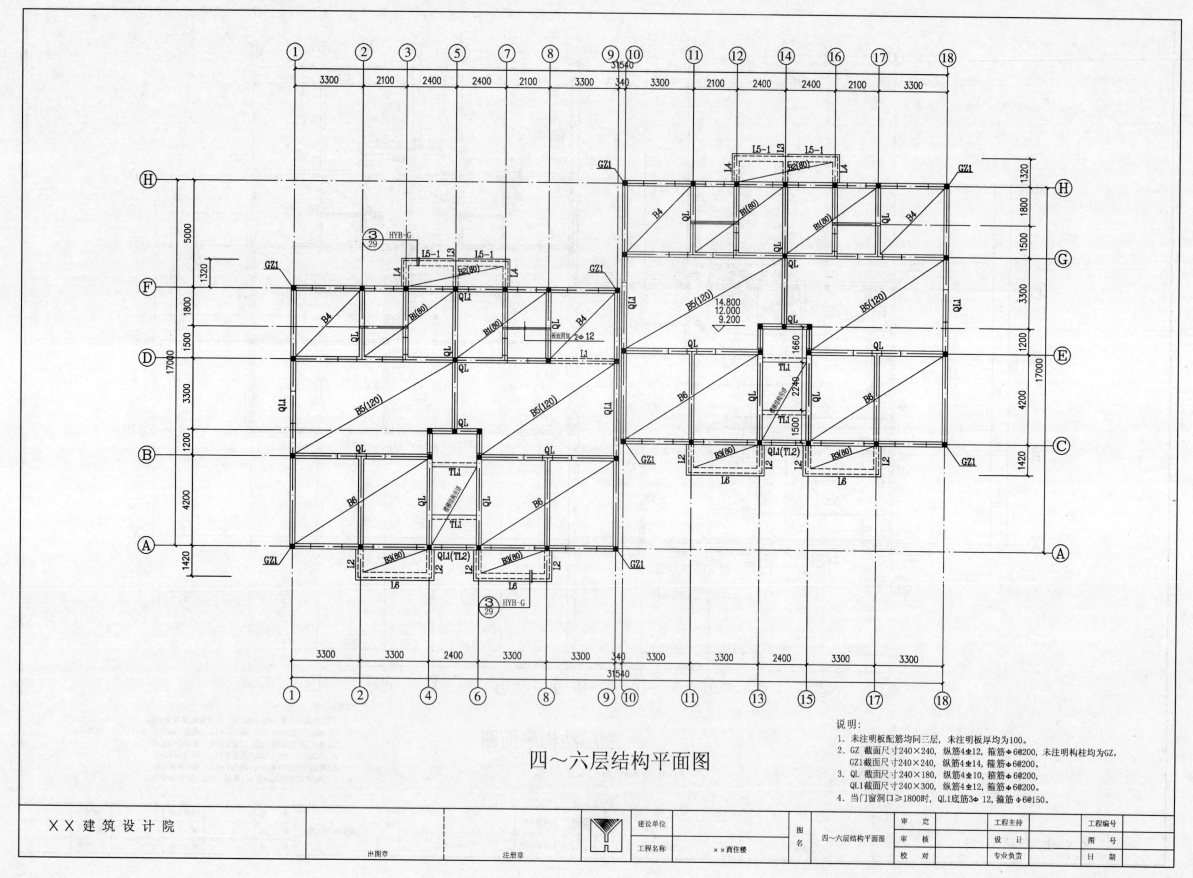

四~六层结构平面图

说明:
1. 未注明板配筋均同三层,未注明板厚均为100。
2. GZ 截面尺寸240×240,纵筋4Φ12,箍筋Φ6@200,未注明构柱均为GZ,
   GZ1截面尺寸240×240,纵筋4Φ14,箍筋Φ6@200。
3. QL 截面尺寸240×180,纵筋4Φ10,箍筋Φ6@200,
   QL1截面尺寸240×300,纵筋4Φ12,箍筋Φ6@200。
4. 当门窗洞口≥1800时,QL1底筋3Φ 12,箍筋 Φ6@150。

ＸＸ建 筑 设 计 院

出图章   注册章

建设单位
工程名称   ××商住楼

图名   四~六层结构平面图

审 定   工程主持   工程编号
审 核   设 计   图 号
校 对   专业负责   日 期

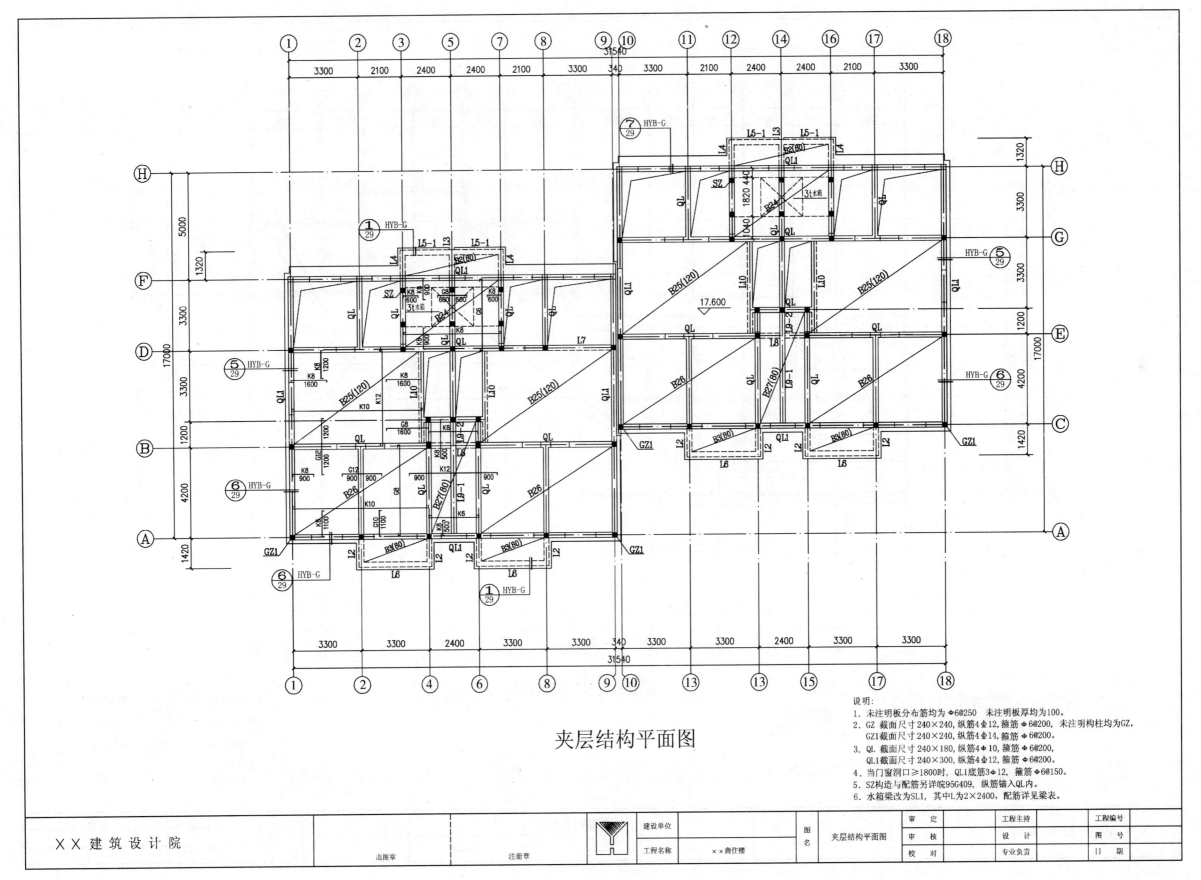

夹层结构平面图

说明:
1. 未注明板分布筋均为φ6@250 未注明板厚均为100。
2. GZ 截面尺寸240×240,纵筋4φ12,箍筋φ6@200,未注明构造柱均为GZ,GZ1截面尺寸240×240,纵筋4φ14,箍筋φ6@200。
3. QL 截面尺寸240×180,纵筋4φ10,箍筋φ6@200,QL1截面尺寸240×300,纵筋4φ12,箍筋φ6@200。
4. 当门窗洞口≥1800时,QL1底筋3φ12,箍筋φ6@150。
5. SZ构造与配筋另详院95G409,纵筋锚入QL内。
6. 水箱梁改为SL1,其中L为2×2400,配筋详见梁表。

XX 建筑设计院

出图章 注册章

建设单位 图名 夹层结构平面图

工程名称 ××商住楼

审定 工程主持 工程编号
审核 设计 图号
校对 专业负责 日期

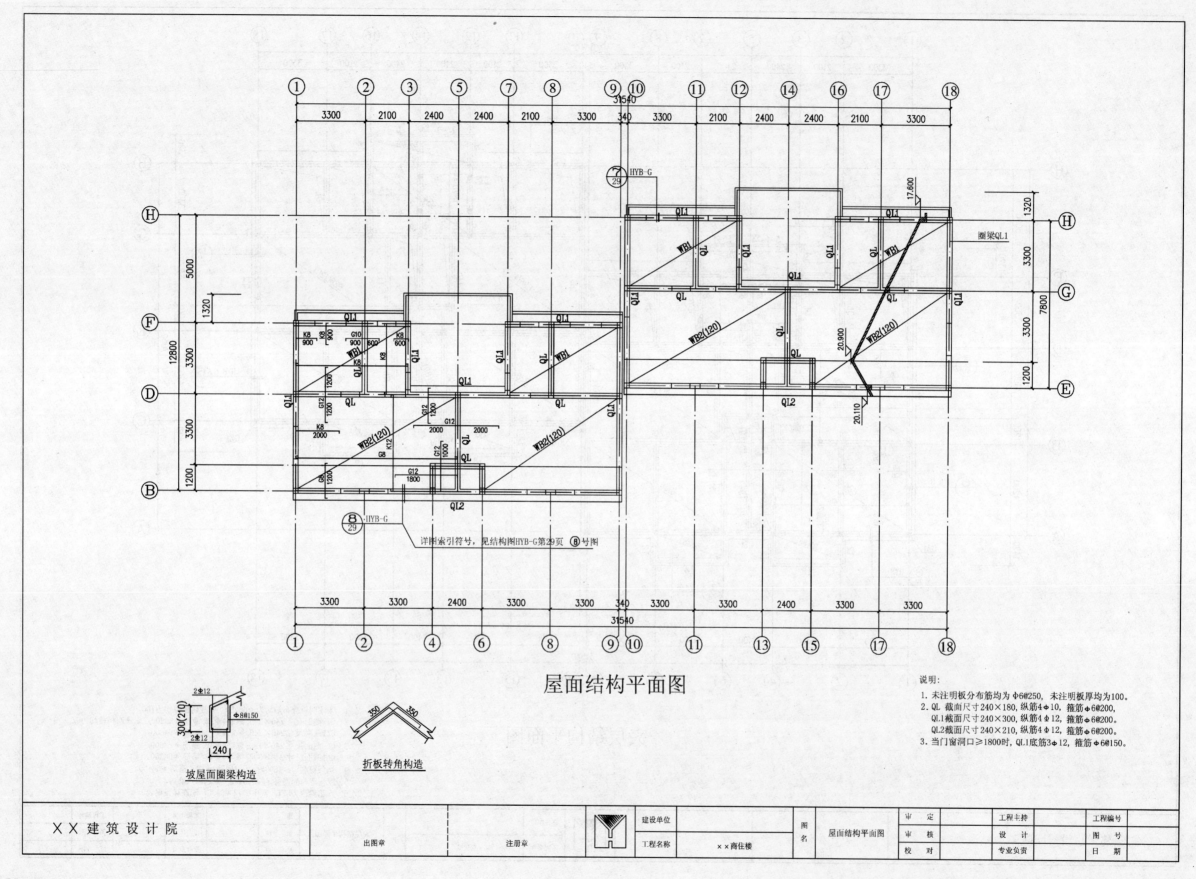

屋面结构平面图

说明:
1. 未注明板分布筋均为Φ6@250,未注明板厚均为100。
2. QL 截面尺寸240×180,纵筋4Φ10,箍筋Φ6@200,
QL1截面尺寸240×300,纵筋4Φ12,箍筋Φ6@200。
QL2截面尺寸240×210,纵筋4Φ12,箍筋Φ6@200。
3. 当门窗洞口≥1800时,QL1底筋3Φ12,箍筋Φ6@150。

详图索引符号,见结构图HYB-G第29页 ⑧ 号图

坡屋面圈梁构造

折板转角构造

ＸＸ建 筑 设 计 院		出图章	注册章		建设单位		图 名	屋面结构平面图	审 定		工程主持		工程编号	
					工程名称	××商住楼			审 核		设 计		图 号	
									校 对		专业负责		日 期	

86

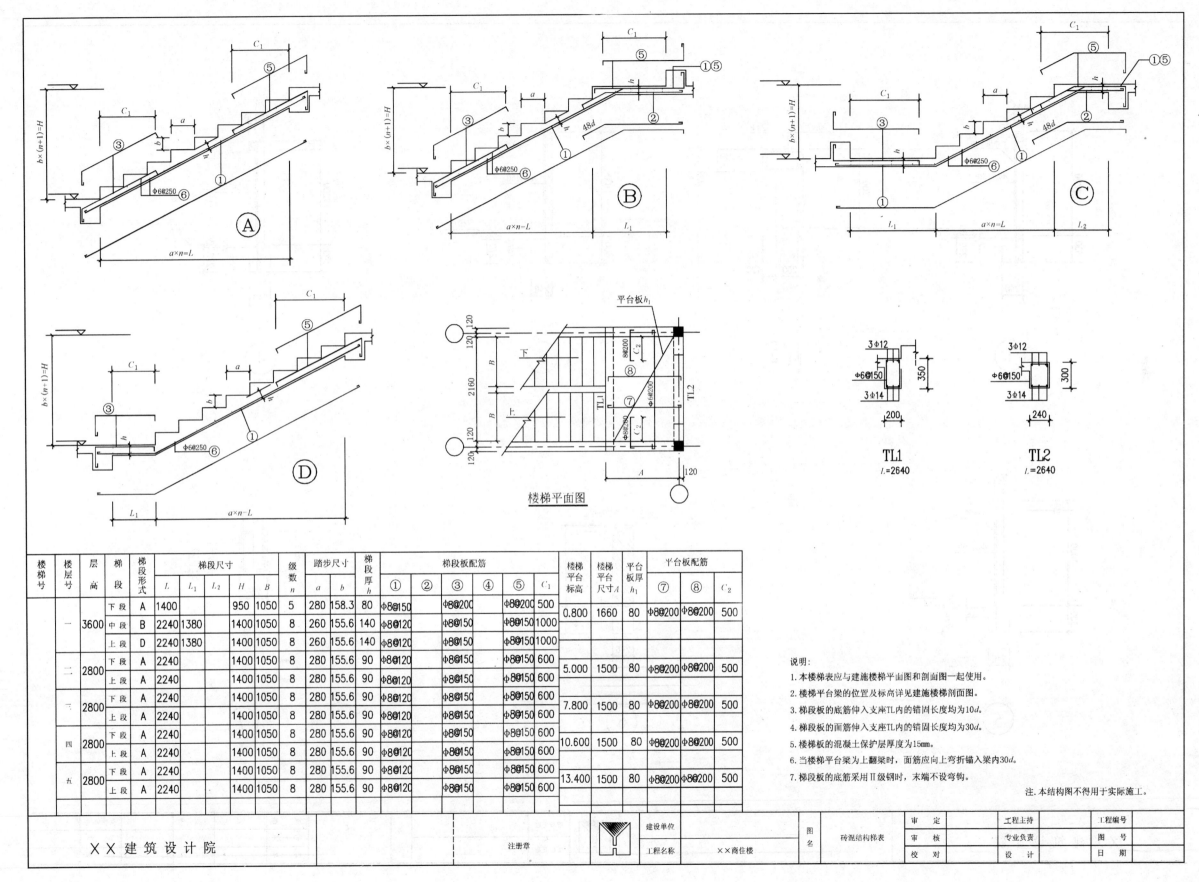

楼梯平面图

TL1
L=2640

TL2
L=2640

楼梯号	楼层号	层高	梯段	梯段形式	梯段尺寸 L	L₁	L₂	H	B	级数 n	踏步尺寸 a	b	梯段厚 h	梯段板配筋 ①	②	③	④	⑤	C₁	楼梯平台标高	楼梯平台尺寸 A	平台板厚 h₁	平台板配筋 ⑦	⑧	C₂
一	3600		下段	A	1400			950	1050	5	280	158.3	80	Φ8@150	Φ8@200			Φ8@200	500	0.800	1660	80	Φ8@200	Φ8@200	500
			中段	B	2240	1380		1400	1050	8	260	155.6	140	Φ8@120	Φ8@150			Φ8@150	1000						
			上段	D	2240	1380		1400	1050	8	260	155.6	140	Φ8@120	Φ8@150			Φ8@150	1000						
二	2800		下段	A	2240			1400	1050	8	280	155.6	90	Φ8@120	Φ8@150			Φ8@150	600	5.000	1500	80	Φ8@200	Φ8@200	500
			上段	A	2240			1400	1050	8	280	155.6	90	Φ8@120	Φ8@150			Φ8@150	600						
三	2800		下段	A	2240			1400	1050	8	280	155.6	90	Φ8@120	Φ8@150			Φ8@150	600	7.800	1500	80	Φ8@200	Φ8@200	500
			上段	A	2240			1400	1050	8	280	155.6	90	Φ8@120	Φ8@150			Φ8@150	600						
四	2800		下段	A	2240			1400	1050	8	280	155.6	90	Φ8@120	Φ8@150			Φ8@150	600	10.600	1500	80	Φ8@200	Φ8@200	500
			上段	A	2240			1400	1050	8	280	155.6	90	Φ8@120	Φ8@150			Φ8@150	600						
五	2800		下段	A	2240			1400	1050	8	280	155.6	90	Φ8@120	Φ8@150			Φ8@150	600	13.400	1500	80	Φ8@200	Φ8@200	500
			上段	A	2240			1400	1050	8	280	155.6	90	Φ8@120	Φ8@150			Φ8@150	600						

说明:
1. 本楼梯表应与建施楼梯平面图和剖面图一起使用。
2. 楼梯平台梁的位置及标高详见建施楼梯剖面图。
3. 梯段板的底筋伸入支座TL内的锚固长度均为10d。
4. 梯段板的面筋伸入支座TL内的锚固长度均为30d。
5. 楼梯板的混凝土保护层厚度为15mm。
6. 当楼梯平台梁为上翻梁时, 面筋应向上弯折锚入梁内30d。
7. 梯段板的底筋采用Ⅱ级钢时, 末端不设弯钩。

注: 本结构图不得用于实际施工。

XX建筑设计院

注册章

建设单位

工程名称　XX商住楼

图名　砖混结构梯表

审定　　工程主持　　工程编号
审核　　专业负责　　图号
校对　　设计　　日期

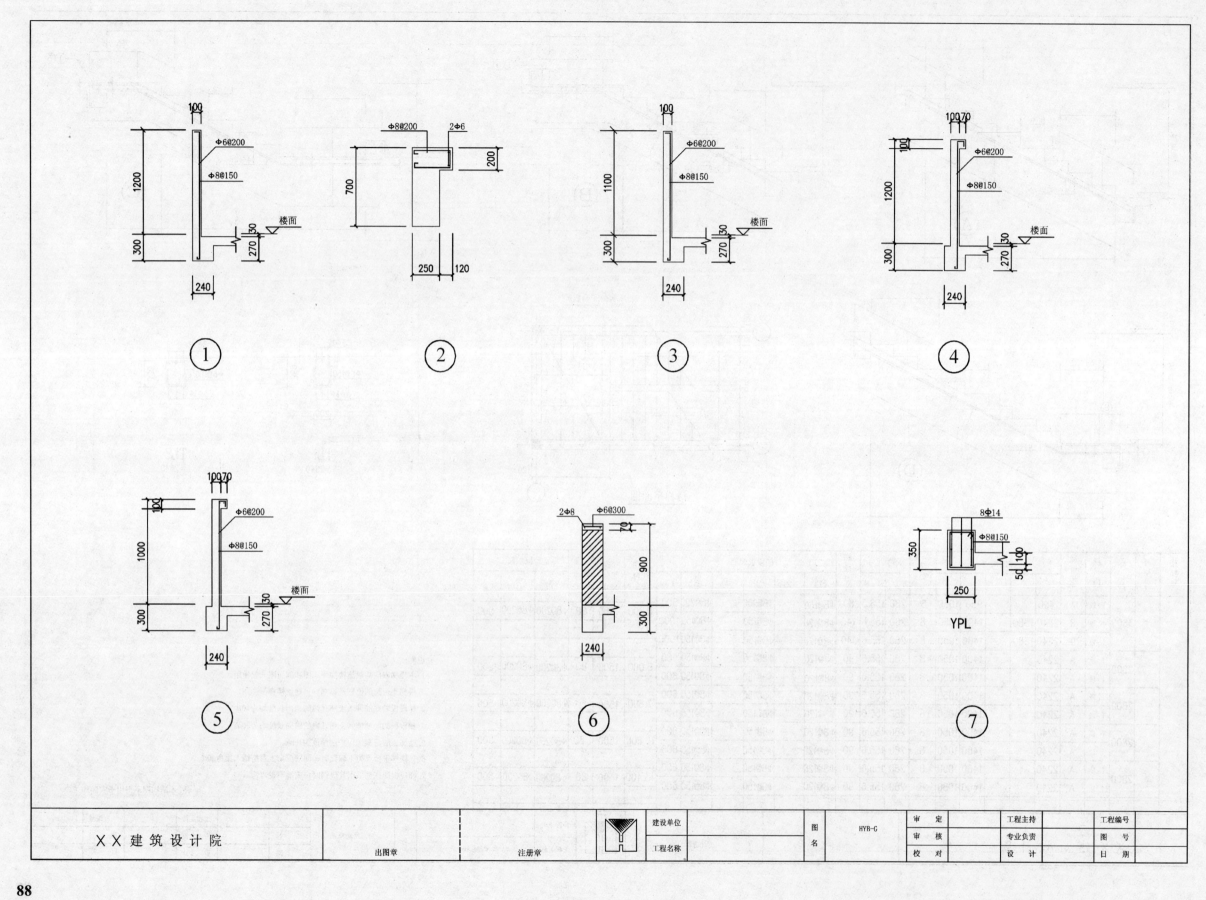

Φ6@200
Φ8@150
1200
300
240
楼面
270
30
100
①

Φ8@200
2Φ6
700
200
250
120
②

Φ6@200
Φ8@150
1100
300
240
楼面
270
30
100
③

Φ6@200
Φ8@150
1200
300
240
楼面
270
30
100 70
100
④

Φ6@200
Φ8@150
1000
300
240
楼面
270
30
100 70
100
⑤

2Φ8
Φ6@300
900
300
70
240
⑥

8Φ14
Φ8@150
350
250
100
50
YPL
⑦

3. 给水排水施工图

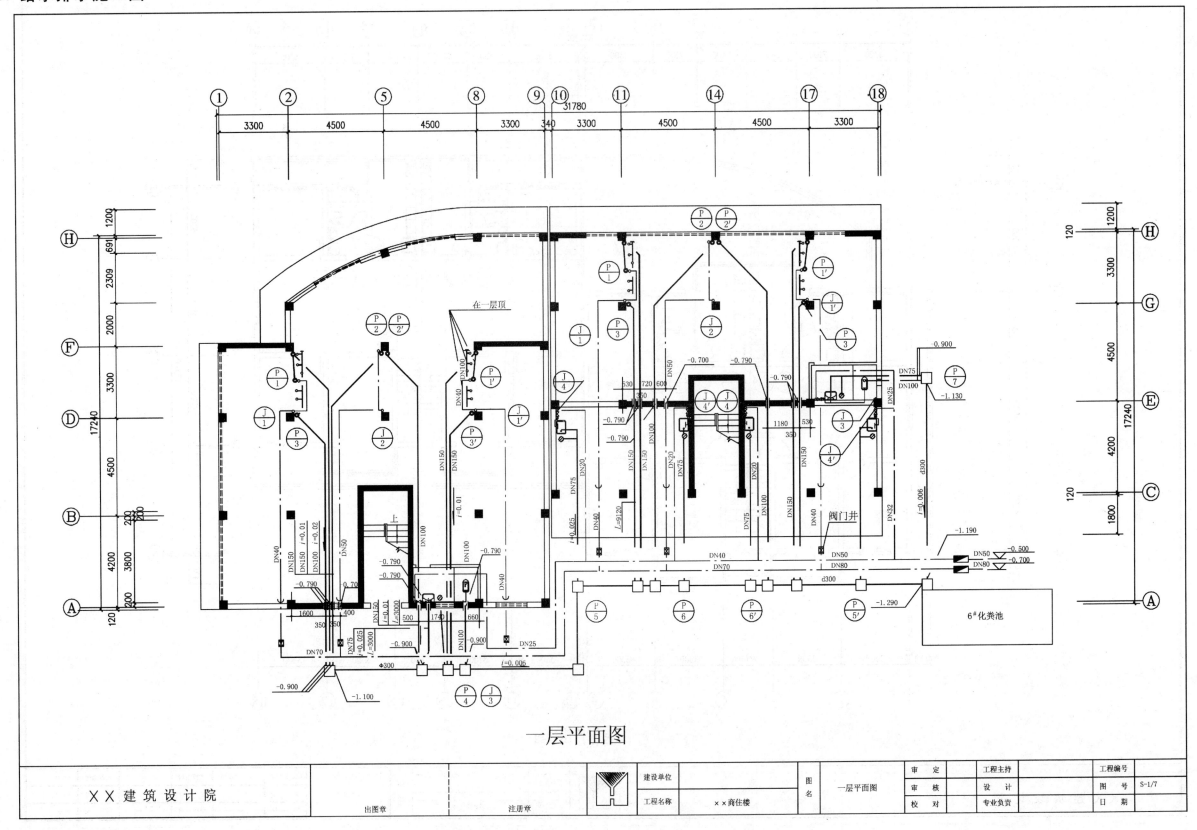

一层平面图

				图 名	一层平面图	审 定		工程主持		工程编号	
×× 建 筑 设 计 院		建设单位				审 核		设 计		图 号	S-1/7
	出图章	工程名称	××商住楼			校 对		专业负责		日 期	

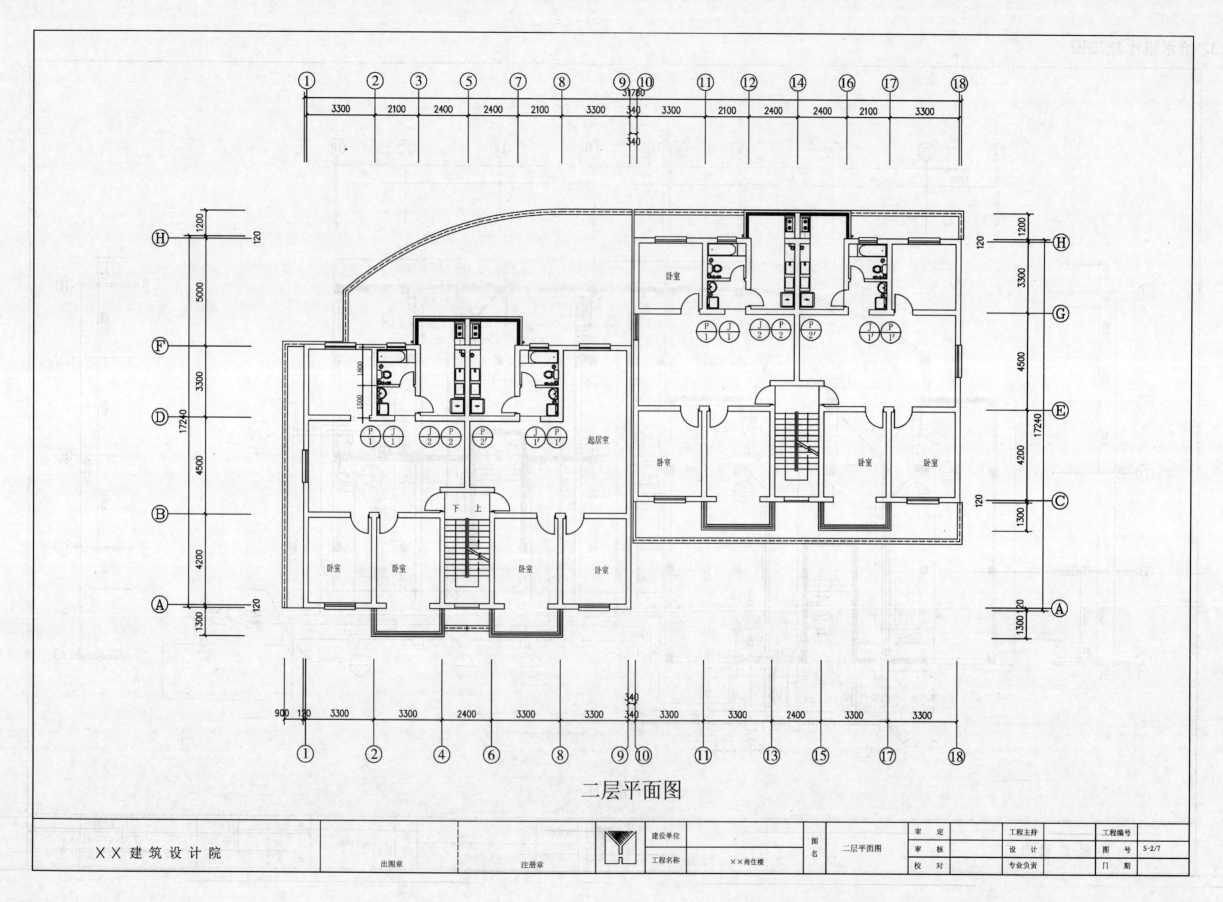

二层平面图

				图名	二层平面图	审 定		工程主持		工程编号	
×× 建 筑 设 计 院	出图章	注册章		建设单位		审 核		设 计		图 号	S-2/7
				工程名称	××商住楼	校 对		专业负责		日 期	

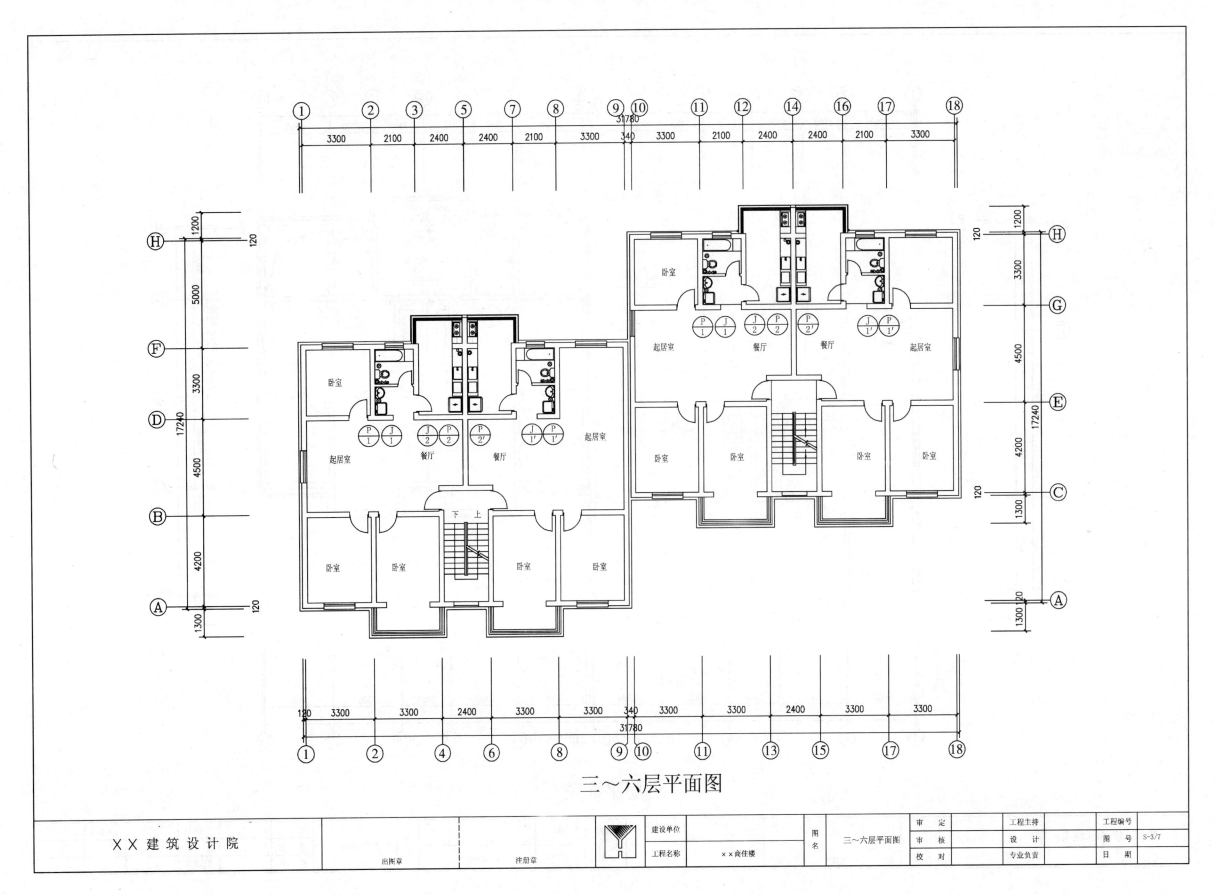

三～六层平面图

	审　定		工程主持		工程编号	
ＸＸ建筑设计院	建设单位		图	三～六层平面图	审　核		设　计		图　号	S-3/7
出图章	注册章	工程名称	××商住楼	名		校　对		专业负责		日　期	

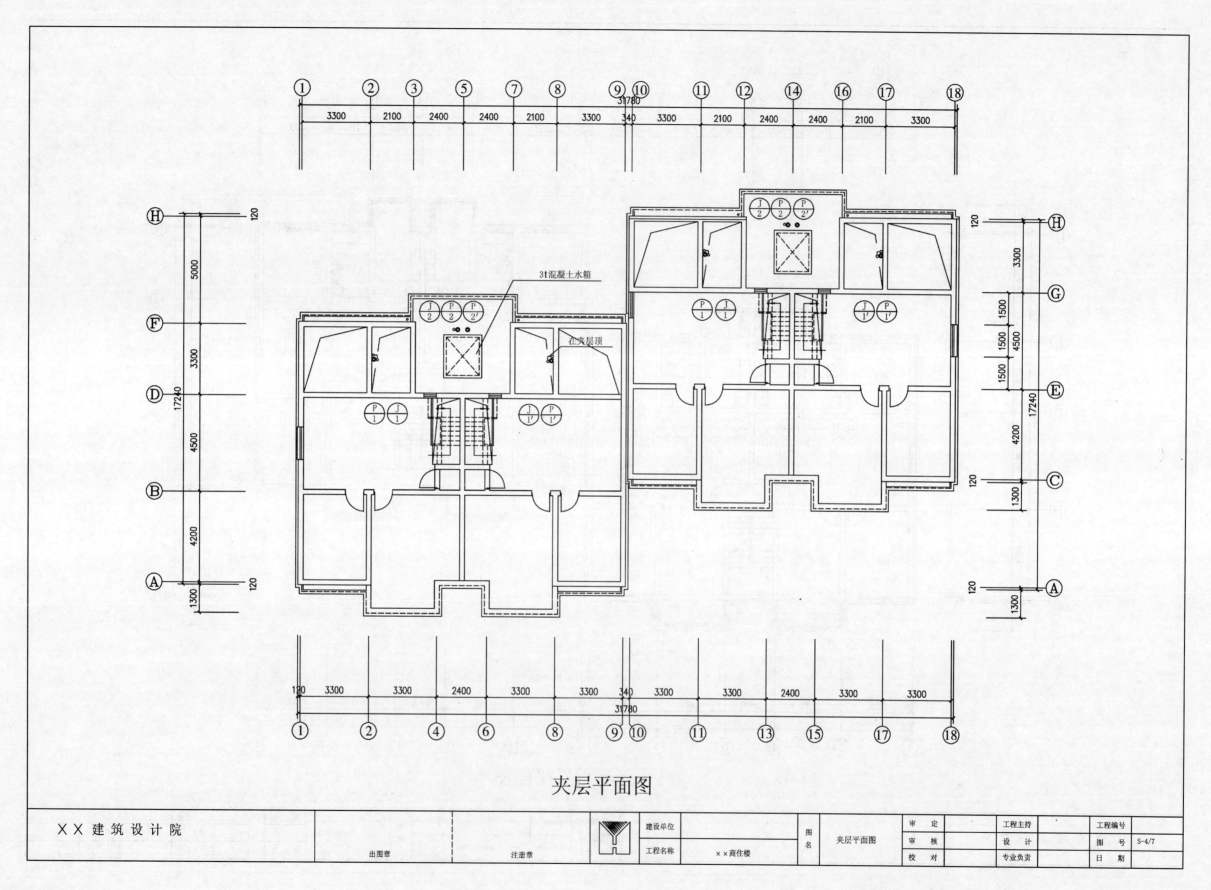

夹层平面图

×× 建 筑 设 计 院				建设单位		图 名	夹层平面图	审 定		工程主持		工程编号	
		出图章	注册章	工程名称	××商住楼			审 核		设 计		图 号	S-4/7
								校 对		专业负责		日 期	

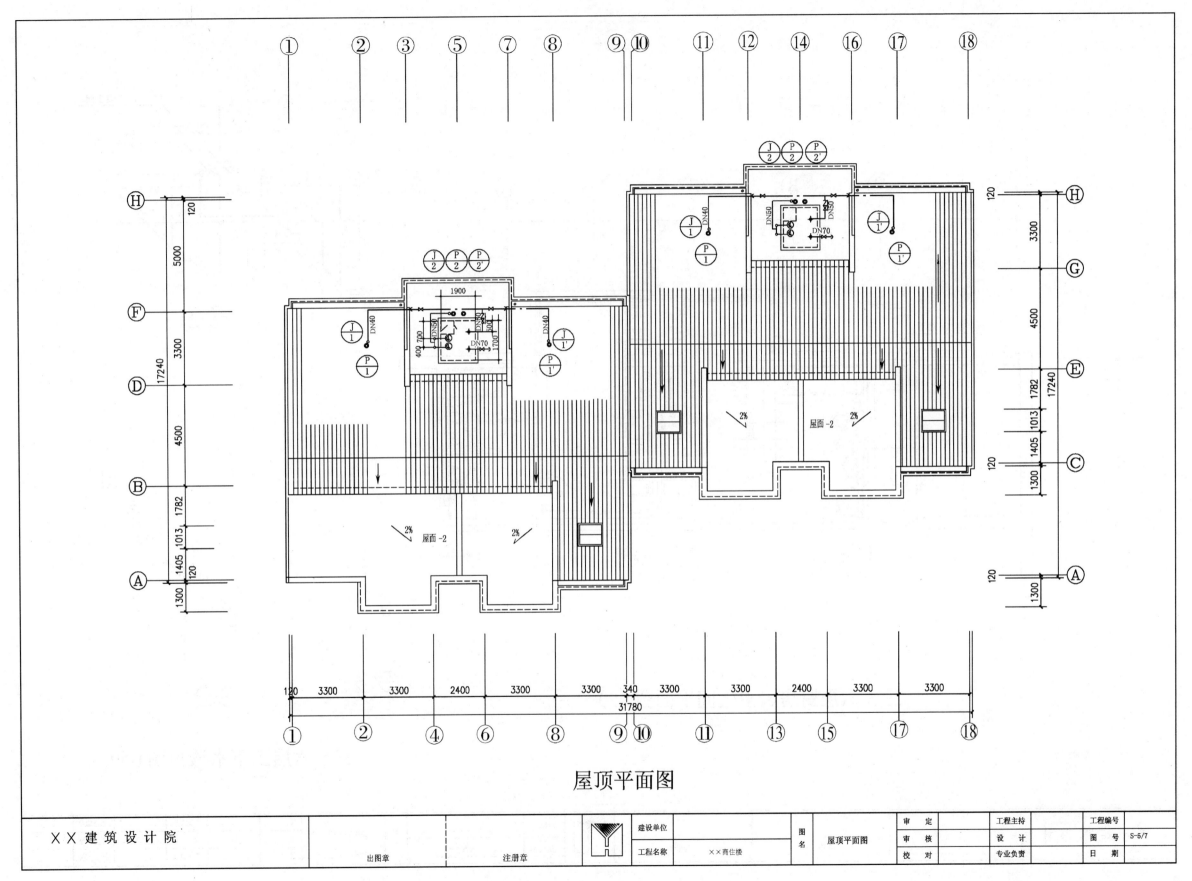

屋顶平面图

×× 建筑设计院		出图章	注册章		建设单位		图名	屋顶平面图	审定		工程主持		工程编号	
					工程名称	××商住楼			审核		设计		图号	S-5/7
									校对		专业负责		日期	

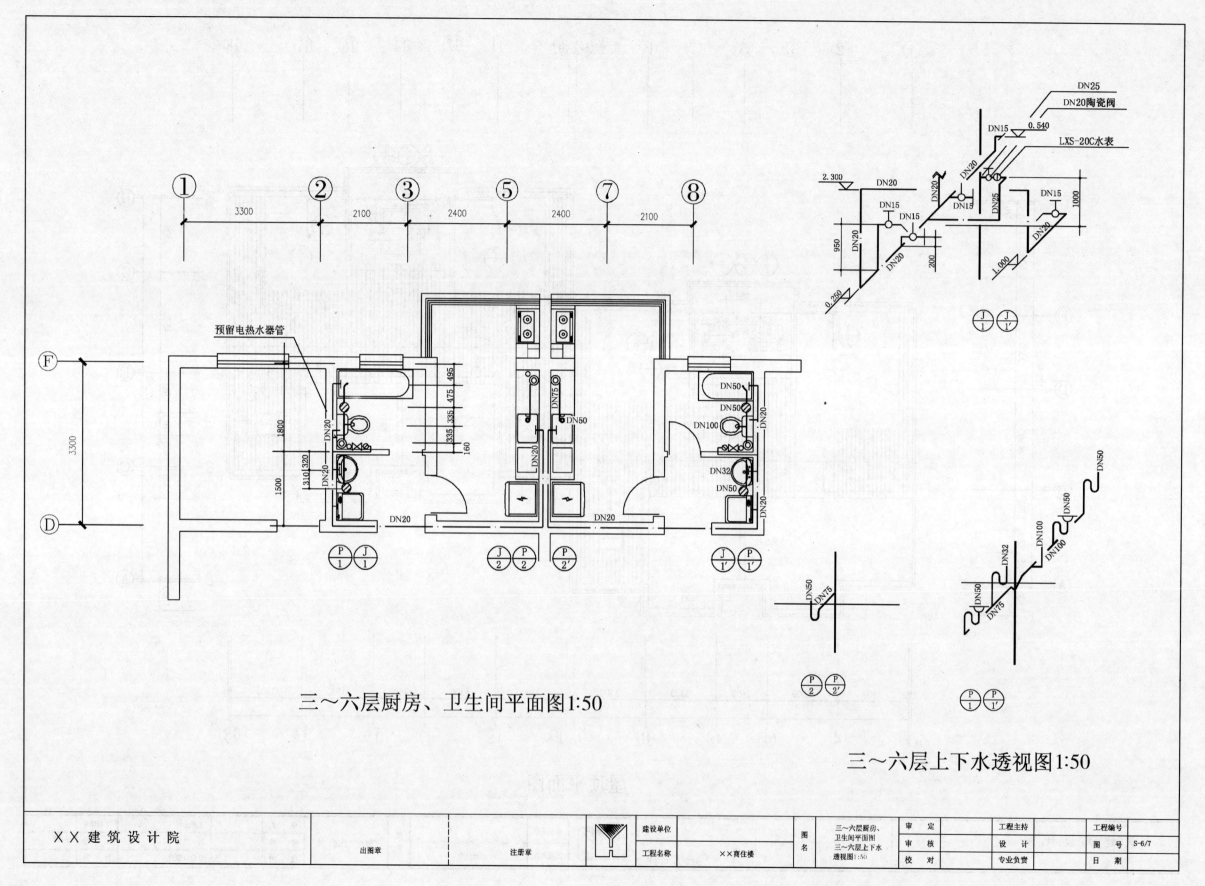

三～六层厨房、卫生间平面图1:50

三～六层上下水透视图1:50

×× 建 筑 设 计 院		出图章	注册章		建设单位		图名	三～六层厨房、卫生间平面图 三～六层上下水透视图1:50	审　定		工程主持		工程编号	
									审　核		设　计		图　号	S-6/7
				工程名称	××商住楼			校　对		专业负责		日　期	

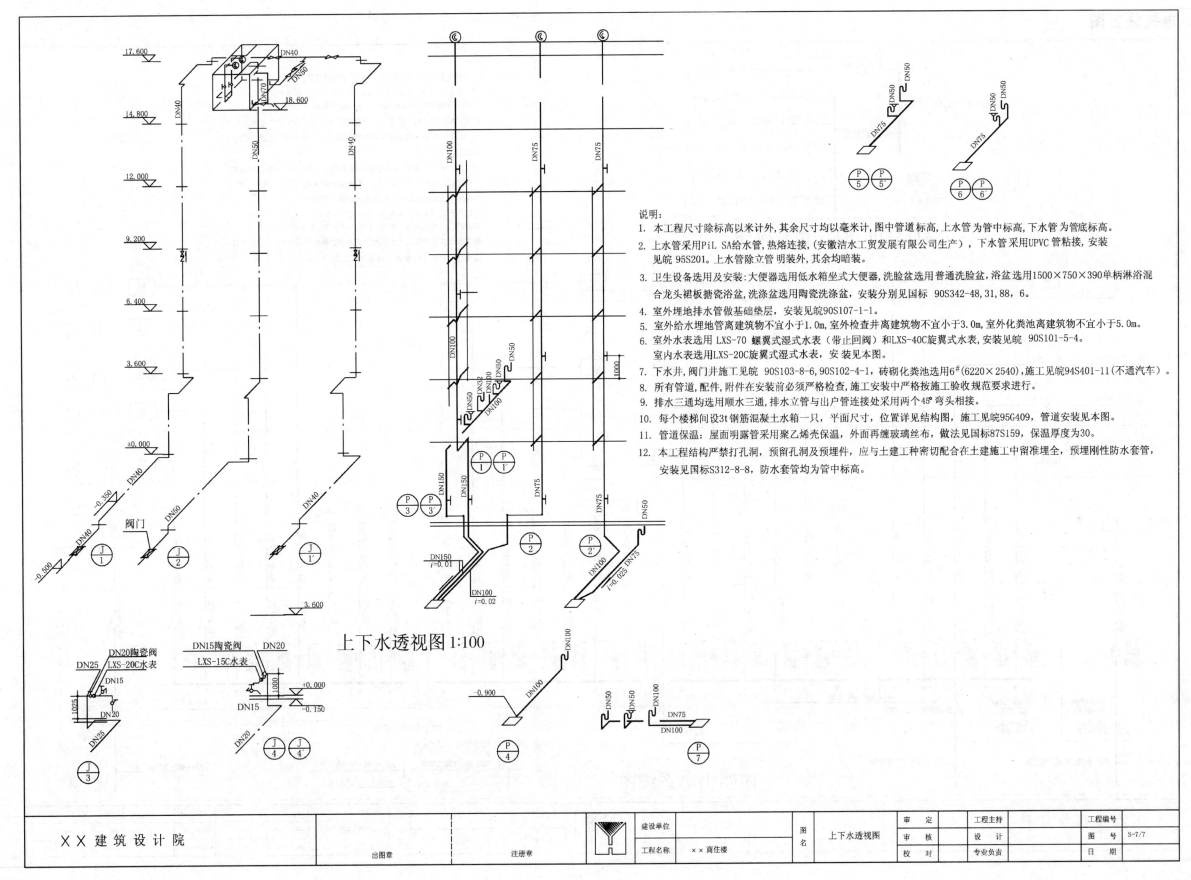

上下水透视图 1:100

说明：
1. 本工程尺寸除标高以米计外,其余尺寸均以毫米计,图中管道标高,上水管为管中标高,下水管为管底标高。
2. 上水管采用PiL SA给水管,热熔连接,(安徽洁水工贸发展有限公司生产),下水管采用UPVC管粘接,安装见皖95S201。上水管除立管明装外,其余均暗装。
3. 卫生设备选用及安装:大便器选用低水箱坐式大便器,洗脸盆选用普通洗脸盆,浴盆选用1500×750×390单柄淋浴混合龙头裙板搪瓷浴盆,洗涤盆选用陶瓷洗涤盆,安装分别见国标 90S342-48,31,88,6。
4. 室外埋地排水管做基础垫层,安装见皖90S107-1-1。
5. 室外给水埋地管离建筑物不宜小于1.0m,室外检查井离建筑物不宜小于3.0m,室外化粪池离建筑物不宜小于5.0m。
6. 室外水表选用 LXS-70 螺翼式湿式水表（带止回阀）和LXS-40C旋翼式水表,安装见皖 90S101-5-4。室内水表选用LXS-20C旋翼式湿式水表,安装见本图。
7. 下水井,阀门井施工见皖 90S103-8-6,90S102-4-1,砖砌化粪池选用6#(6220×2540),施工见皖94S401-11(不通汽车)。
8. 所有管道,配件,附件在安装前必须严格检查,施工安装中严格按施工验收规范要求进行。
9. 排水三通均选用顺水三通,排水立管与出户管连接处采用两个45°弯头相接。
10. 每个楼梯间设3t钢筋混凝土水箱一只,平面尺寸,位置详见结构图,施工见皖95G409,管道安装见本图。
11. 管道保温:屋面明露管采用聚乙烯壳保温,外面再缠玻璃丝布,做法见国标87S159,保温厚度为30。
12. 本工程结构严禁打孔洞,预留孔洞及预埋件,应与土建工种密切配合在土建施工中留准埋全,预埋刚性防水套管,安装见国标S312-8-8,防水套管均为管中标高。

XX建筑设计院

			建设单位		图	上下水透视图	审 定		工程主持		工程编号	
	出图章	注册章	工程名称	XX商住楼	名		审 核		设 计		图 号	S-7/7
							校 对		专业负责		日 期	

95

4. 电气施工图

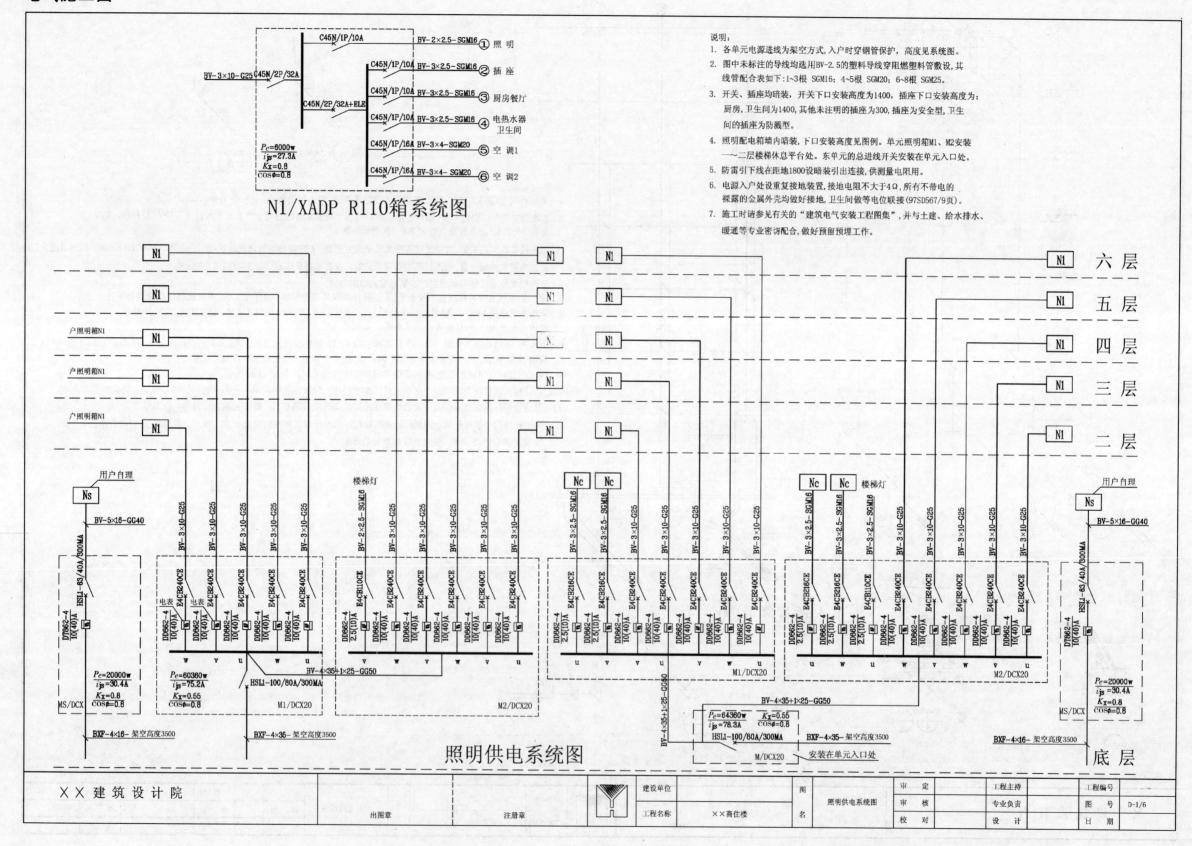

说明:
1. 各单元电源进线为架空方式,入户时穿钢管保护,高度见系统图。
2. 图中未标注的导线均选用BV-2.5的塑料导线穿阻燃料管敷设,其线管配合表如下:1~3根 SGM16; 4~5根 SGM20; 6~8根 SGM25。
3. 开关、插座均暗装,开关下口安装高度为1400,插座下口安装高度为:厨房、卫生间为1400,其他未注明的插座为300,插座为安全型,卫生间的插座为防溅型。
4. 照明配电箱墙内暗装,下口安装高度见图例。单元照明箱M1、M2安装一~二层楼梯休息平台处。东单元的总进线开关安装在单元入口处。
5. 防雷引下线在距地1800设暗装引出连接,供测量电阻用。
6. 电源入户处设重复接地装置,接地电阻不大于4Ω,所有不带电的裸露的金属外壳均做好接地,卫生间做等电位联接(97SD567/9页)。
7. 施工时请参见有关的"建筑电气安装工程图集",并与土建、给水排水、暖通等专业密切配合,做好预留预埋工作。

N1/XADP R110箱系统图

照明供电系统图

XX建筑设计院			建设单位		图名	照明供电系统图	审 定		工程主持		工程编号	
	出图章	注册章	工程名称	XX商住楼			审 核		专业负责		图 号	D-1/6
							校 对		设 计		日 期	

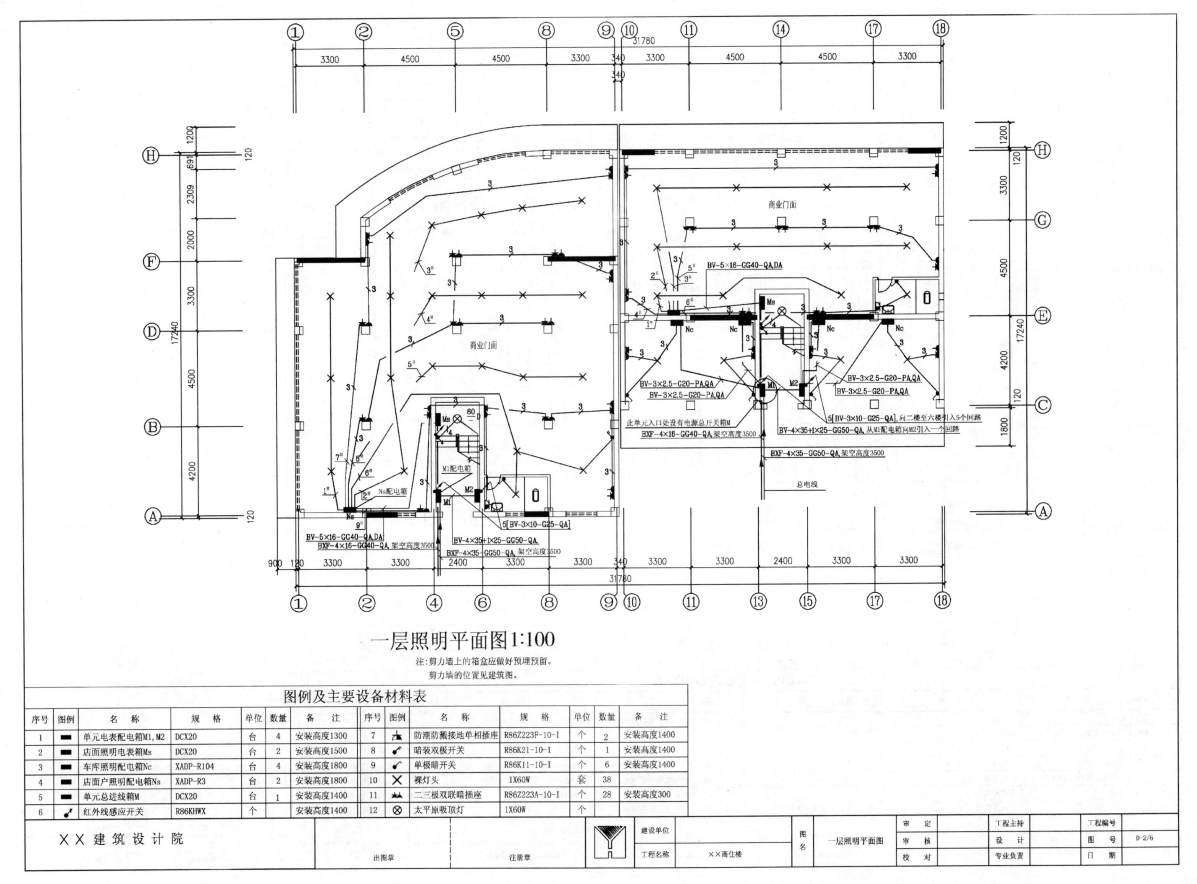

一层照明平面图1:100

注:剪力墙上的箱盒应做好预埋预留。
剪力墙的位置见建筑图。

图例及主要设备材料表

序号	图例	名称	规格	单位	数量	备注	序号	图例	名称	规格	单位	数量	备注
1	■	单元电表配电箱M1,M2	DCX20	台	4	安装高度1300	7		防潮防溅接地单相插座	R86Z223F-10-I	个	2	安装高度1400
2	■	店面照明电表箱Ms	DCX20	台	2	安装高度1500	8		暗装双极开关	R86K21-10-I	个	1	安装高度1400
3	■	车库照明配电箱Nc	XADP-R104	台	4	安装高度1800	9		单极暗开关	R86K11-10-I	个	6	安装高度1400
4	■	店面户照明配电箱Ns	XADP-R3	台	2	安装高度1800	10	✕	裸灯头	1X60W	套	38	
5	■	单元总进线箱M	DCX20	台	1	安装高度1400	11		二三极双联暗插座	R86Z223A-10-I	个	28	安装高度300
6		红外线感应开关	R86KHWX	个		安装高度1400	12	⊗	太平原吸顶灯	1X60W	个		

ＸＸ建筑设计院

		建设单位		图	一层照明平面图	审 定		工程主持		工程编号	
出图章	注册章	工程名称	ＸＸ商住楼	名		审 核		设 计		图 号	D-2/6
						校 对		专业负责		日 期	

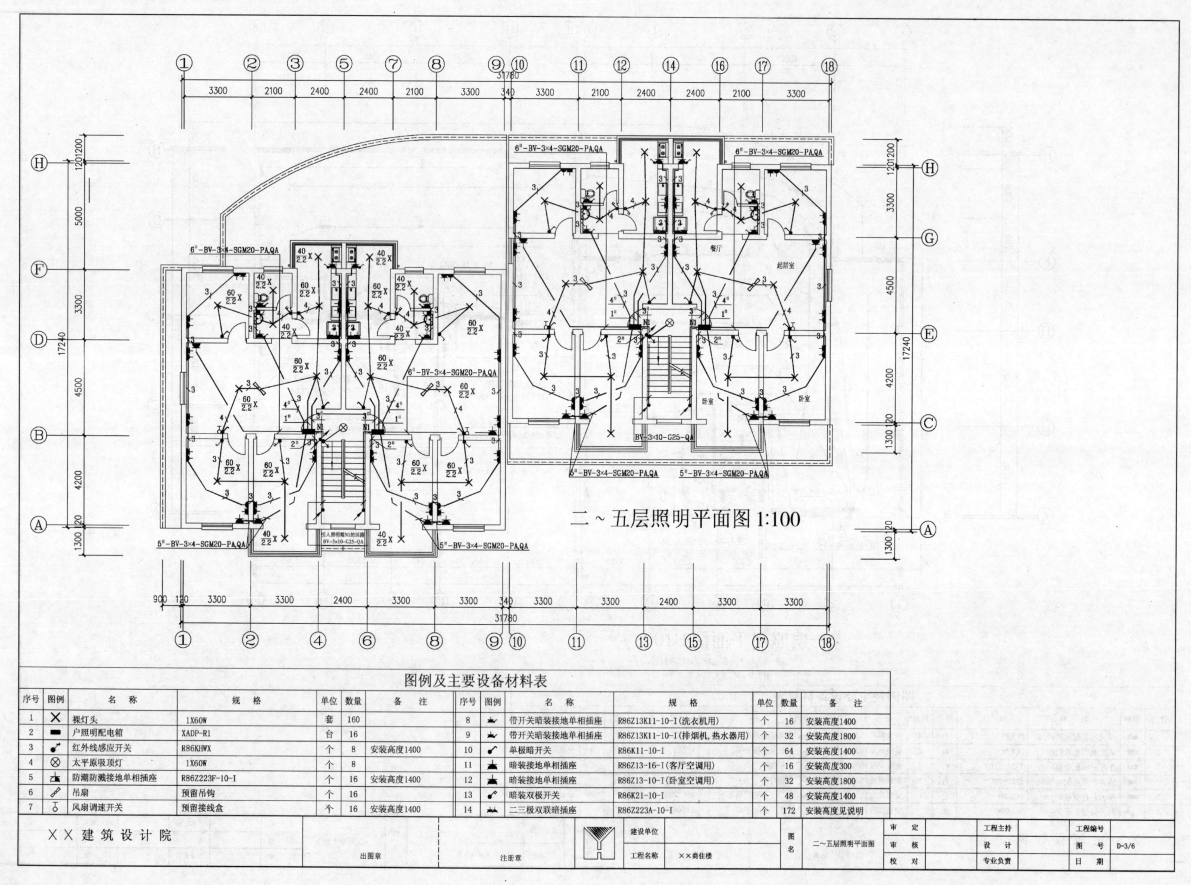

二～五层照明平面图 1:100

图例及主要设备材料表

序号	图例	名　称	规　格	单位	数量	备　注	序号	图例	名　称	规　格	单位	数量	备　注
1	✕	裸灯头	1X60W	套	160		8		带开关暗装接地单相插座	R86Z13K11-10-I(洗衣机用)	个	16	安装高度1400
2	■	户照明配电箱	XADP-R1	台	16		9		带开关暗装接地单相插座	R86Z13K11-10-I(排烟机,热水器用)	个	32	安装高度1800
3		红外线感应开关	R86KHWX	个	8	安装高度1400	10		单极暗开关	R86K11-10-I	个	64	安装高度1400
4	⊗	太平原吸顶灯	1X60W	个	8		11		暗装接地单相插座	R86Z13-16-I(客厅空调用)	个	16	安装高度300
5		防潮防溅接地单相插座	R86Z223F-10-I	个	16	安装高度1400	12		暗装接地单相插座	R86Z13-10-I(卧室空调用)	个	32	安装高度1800
6		吊扇	预留吊钩	个	16		13		暗装双极开关	R86K21-10-I	个	48	安装高度1400
7		风扇调速开关	预留接线盒	个	16	安装高度1400	14		二三极双联暗插座	R86Z223A-10-I	个	172	安装高度见说明

╳╳建筑设计院		出图章		注册章			建设单位		图名	二～五层照明平面图	审定		工程主持		工程编号	
							工程名称	╳╳商住楼			审核		设计		图号	D-3/6
											校对		专业负责		日期	

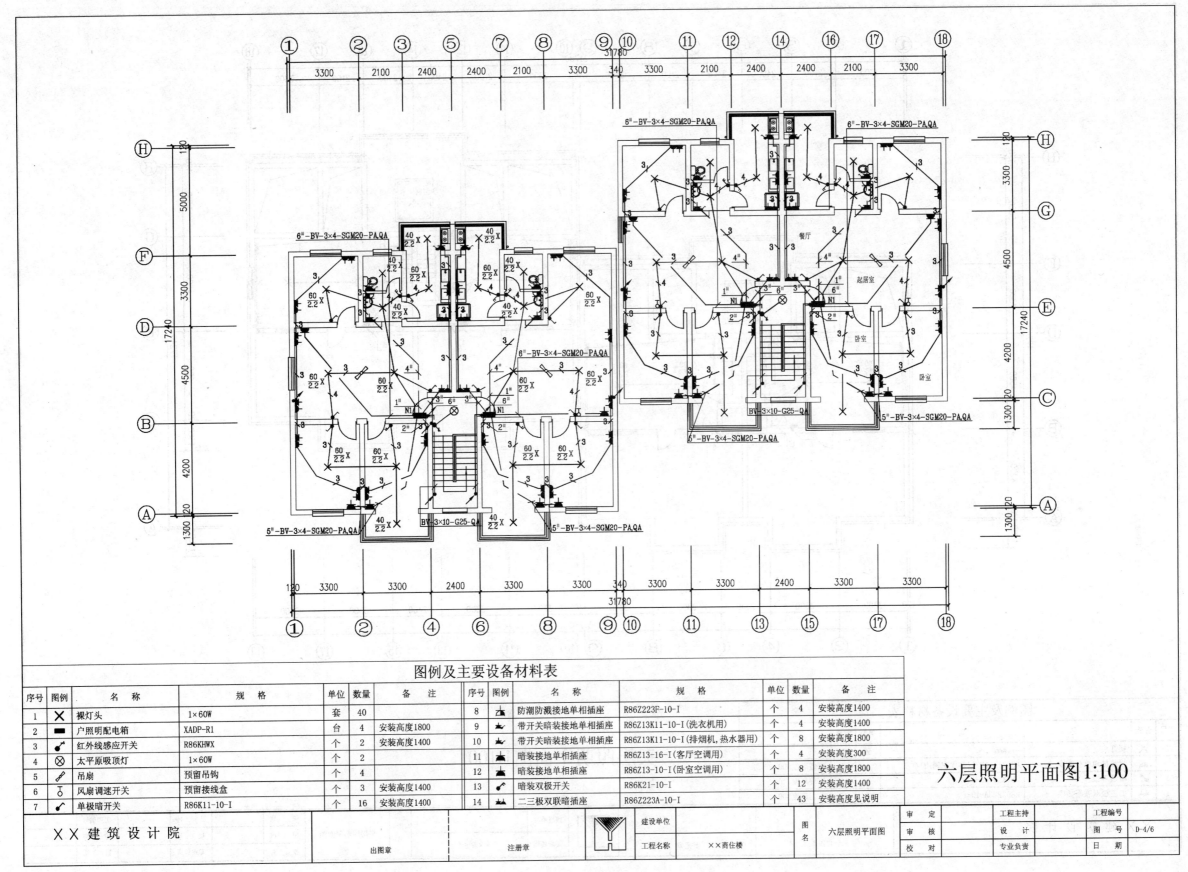

图例及主要设备材料表

序号	图例	名 称	规 格	单位	数量	备 注	序号	图例	名 称	规 格	单位	数量	备 注
1	×	裸灯头	1×60W	套	40		8		防潮防溅接地单相插座	R86Z223F-10-I	个	4	安装高度1400
2		户照明配电箱	XADP-R1	台	4	安装高度1800	9		带开关暗装接地单相插座	R86Z13K11-10-I(洗衣机用)	个	4	安装高度1400
3		红外线感应开关	R86KHWX	个	2	安装高度1400	10		带开关暗装接地单相插座	R86Z13K11-10-I(排烟机,热水器用)	个	8	安装高度1800
4	⊗	太平原吸顶灯	1×60W	个	2		11		暗装接地单相插座	R86Z13-16-I(客厅空调用)	个	4	安装高度300
5		吊扇	预留吊钩	个	4		12		暗装接地单相插座	R86Z13-10-I(卧室空调用)	个	8	安装高度1800
6		风扇调速开关	预留接线盒	个	3	安装高度1400	13		暗装双极开关	R86K21-10-I	个	12	安装高度1400
7		单极暗开关	R86K11-10-I	个	16	安装高度1400	14		二三极双联暗插座	R86Z223A-10-I	个	43	安装高度见说明

六层照明平面图1:100

×× 建筑设计院		出图章		注册章		建设单位		图名	六层照明平面图	审 定		工程主持		工程编号	
						工程名称	××商住楼			审 核		设 计		图 号	D-4/6
										校 对		专业负责		日 期	

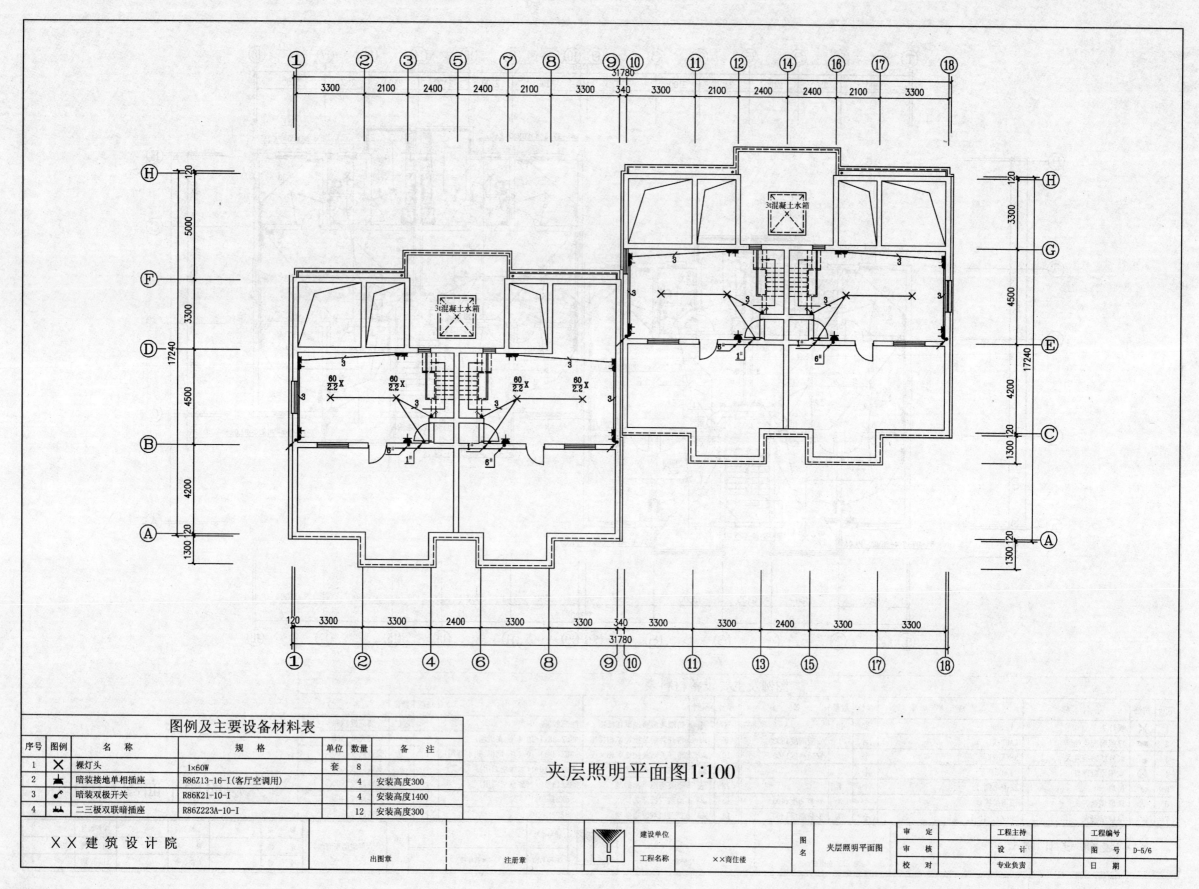

夹层照明平面图1:100

图例及主要设备材料表

序号	图例	名称	规格	单位	数量	备注
1	✕	裸灯头	1×60W	套	8	
2		暗装接地单相插座	R86Z13-16-I(客厅空调用)		4	安装高度300
3		暗装双极开关	R86K21-10-I		4	安装高度1400
4		二三极双联暗插座	R86Z223A-10-I		12	安装高度300

ＸＸ 建 筑 设 计 院		出图章		注册章		建设单位		图 名	夹层照明平面图	审 定		工程主持		工程编号	
						工程名称	ＸＸ商住楼			审 核		设 计		图 号	D-5/6
										校 对		专业负责		日 期	

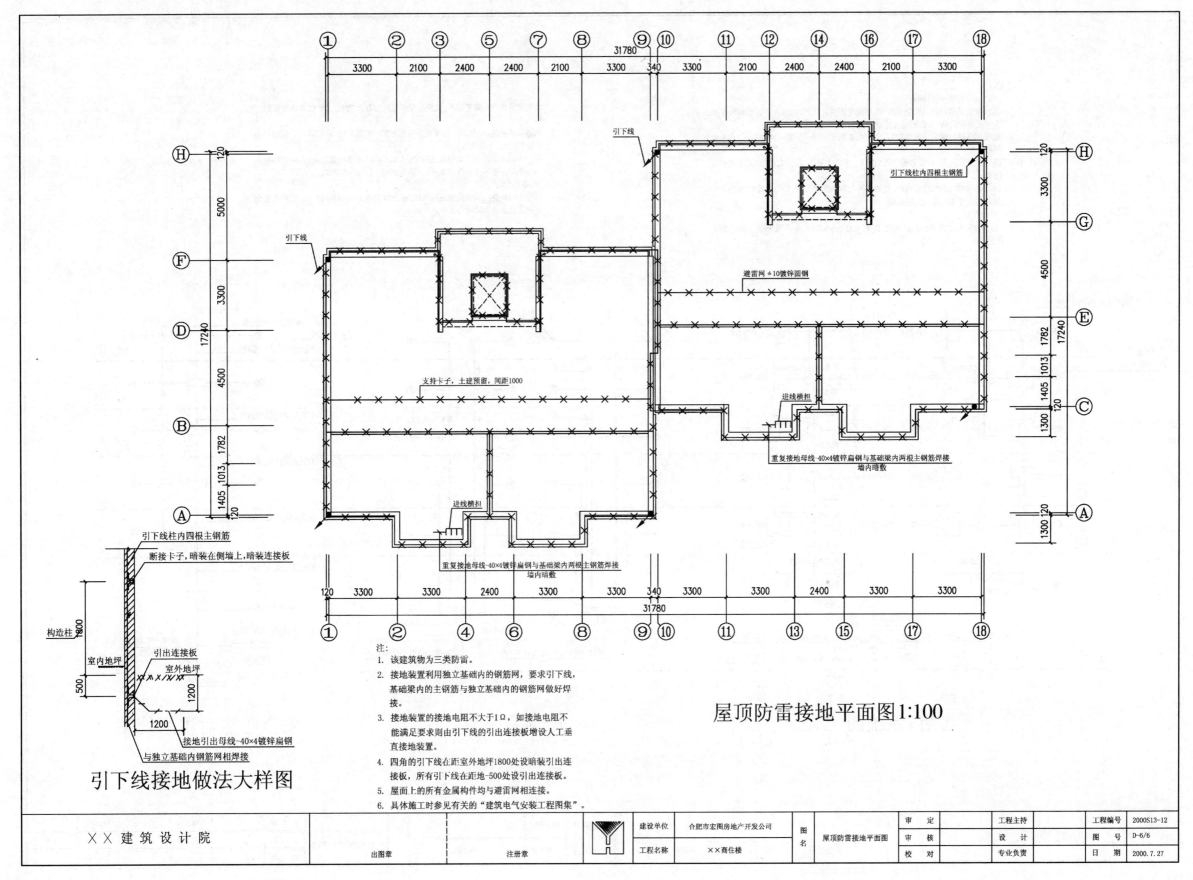

屋顶防雷接地平面图1:100

引下线接地做法大样图

注:
1. 该建筑物为三类防雷。
2. 接地装置利用独立基础内的钢筋网,要求引下线,基础梁内的主钢筋与独立基础内的钢筋网做好焊接。
3. 接地装置的接地电阻不大于1Ω,如接地电阻不能满足要求则由引下线的引出连接板增设人工垂直接地装置。
4. 四角的引下线在距室外地坪1800处暗装引出连接板,所有引下线在距地-500处设引出连接板。
5. 屋面上的所有金属构件均与避雷网相连接。
6. 具体施工时参见有关的"建筑电气安装工程图集"。

ＸＸ建筑设计院		出图章	注册章		建设单位	合肥市宏图房地产开发公司	图名	屋顶防雷接地平面图	审定		工程主持		工程编号	2000S13-12
					工程名称	ＸＸ商住楼			审核		设计		图号	D-6/6
									校对		专业负责		日期	2000.7.27

101

说明:
一、CATV(包括宽带网)部分
1. CATV系统采用由户外架空引入,架空高度距室外地坪3200,入户时穿钢管保护。主干线选用SYWV-9-SGM25,支干线选用SYWV-5-SGM16。
2. 电视插座墙内暗装,高度300。当与电源插座在同一位置对应并列排布,并做好屏蔽。
3. CATV系统共用箱,分支器箱均墙内暗装,下口安装高度:分支器箱2000,共用箱1800。
4. CATV系统进线处应做好接地,接地装置与防雷接地装置共用,接地电阻小于4Ω,连接母线采用-25×4镀锌扁钢。
二、电话部分
做好接地,与防雷接地装置共用,接地电阻小于4Ω,连接母线采用-25×4镀锌扁钢。

1. 系统采用由户外架空引入,架空高度距室外地坪为3200,入户时穿钢管保护,并扁钢。
2. 电话插座暗装,高度300,当与电源插座在同一位置对应并列排布,并做好屏蔽,分线箱暗装,下口高度1400。
3. 图中未标注的用户电话线均选用HBV-2×0.5电话线穿电线管暗敷,电话线根数与线管配合如下:1~3根 SGM16;4根 SGM20;5~6根 SGM25。
三、防盗门部分
本设计的防盗门系统为总线制系统,设计时参考FERMAX系列产品,用户在选型时应注意系统接线或与设计人员联系。

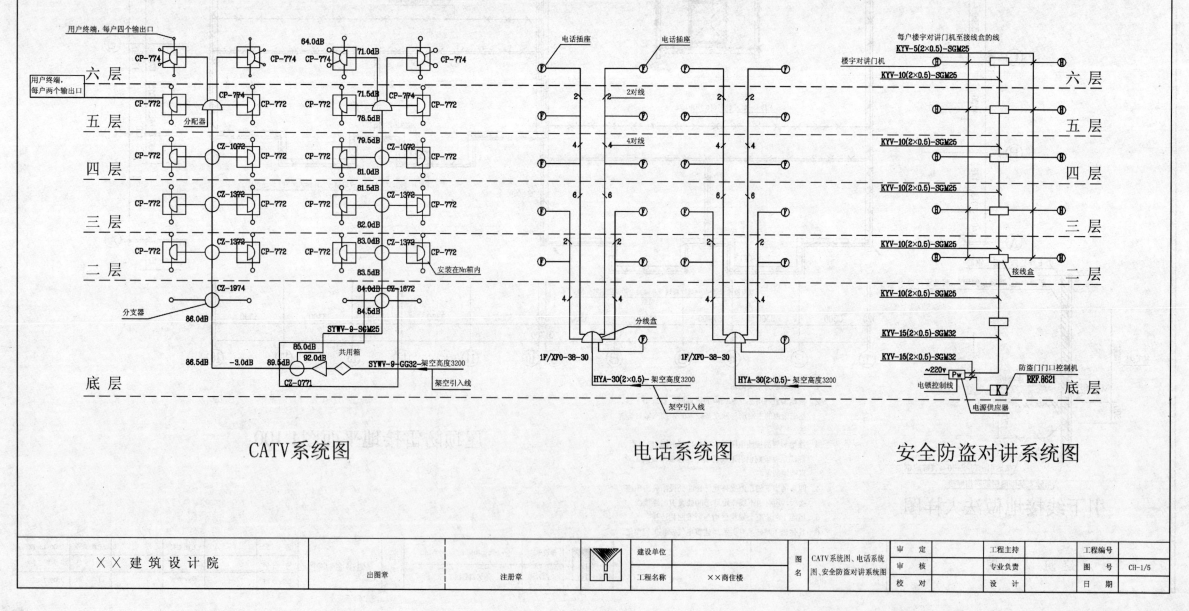

CATV系统图   电话系统图   安全防盗对讲系统图

××建筑设计院		出图章	注册章		建设单位		图名	CATV系统图、电话系统图、安全防盗对讲系统图	审定		工程主持		工程编号	
					工程名称	××商住楼			审核		专业负责		图号	CH-1/5
									校对		设计		日期	

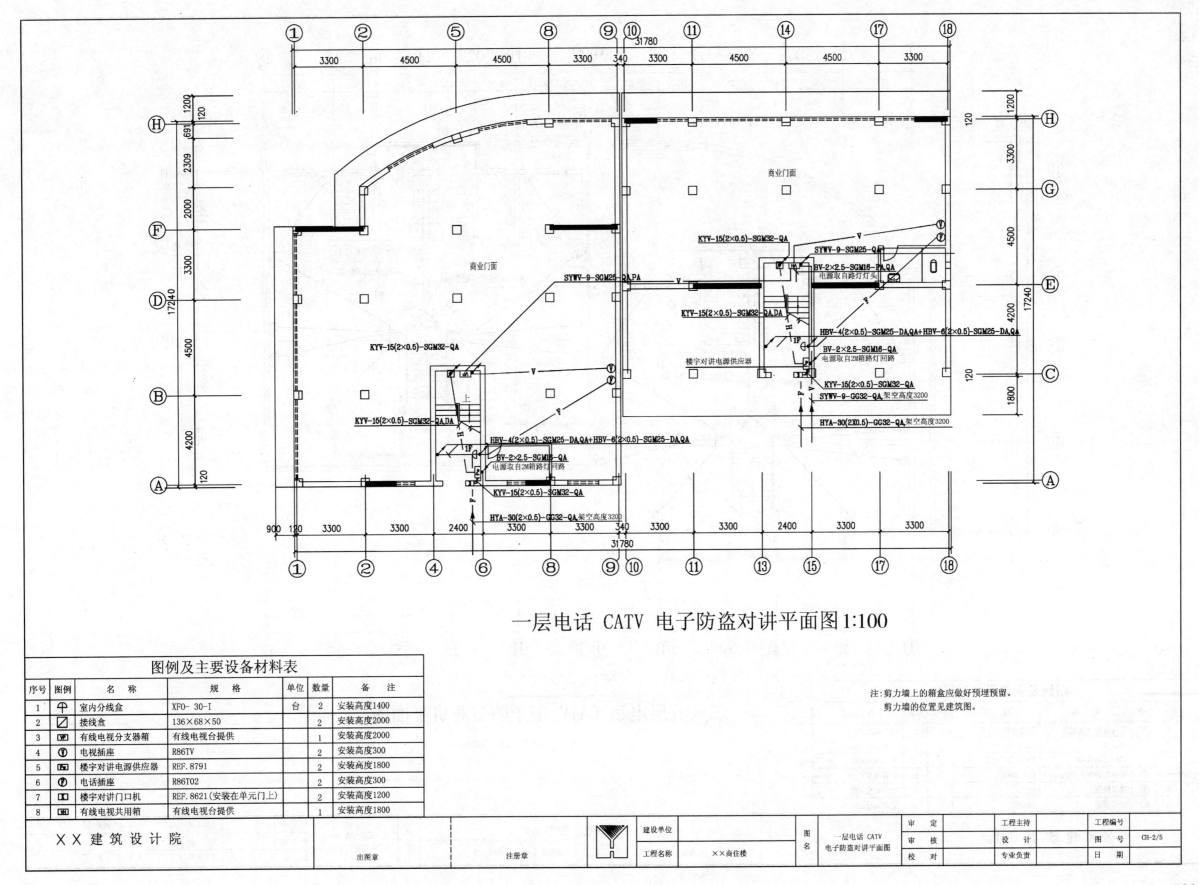

一层电话 CATV 电子防盗对讲平面图1:100

图例及主要设备材料表

序号	图例	名　称	规　格	单位	数量	备　注
1		室内分线盒	XFO-30-I	台	2	安装高度1400
2		接线盒	136×68×50		2	安装高度2000
3		有线电视分支器箱	有线电视台提供		1	安装高度2000
4		电视插座	R86TV		2	安装高度300
5		楼宇对讲电源供应器	REF.8791		2	安装高度1800
6		电话插座	R86T02		2	安装高度300
7		楼宇对讲门口机	REF.8621(安装在单元门上)		2	安装高度1200
8		有线电视共用箱	有线电视台提供		1	安装高度1800

注:剪力墙上的箱盒应做好预埋预留。
　剪力墙的位置见建筑图。

XX建筑设计院

出图章　注册章

建设单位			图	一层电话 CATV	审　定		工程主持		工程编号	
			名	电子防盗对讲平面图	审　核		设　计		图　号	CH-2/5
工程名称	XX商住楼				校　对		专业负责		日　期	

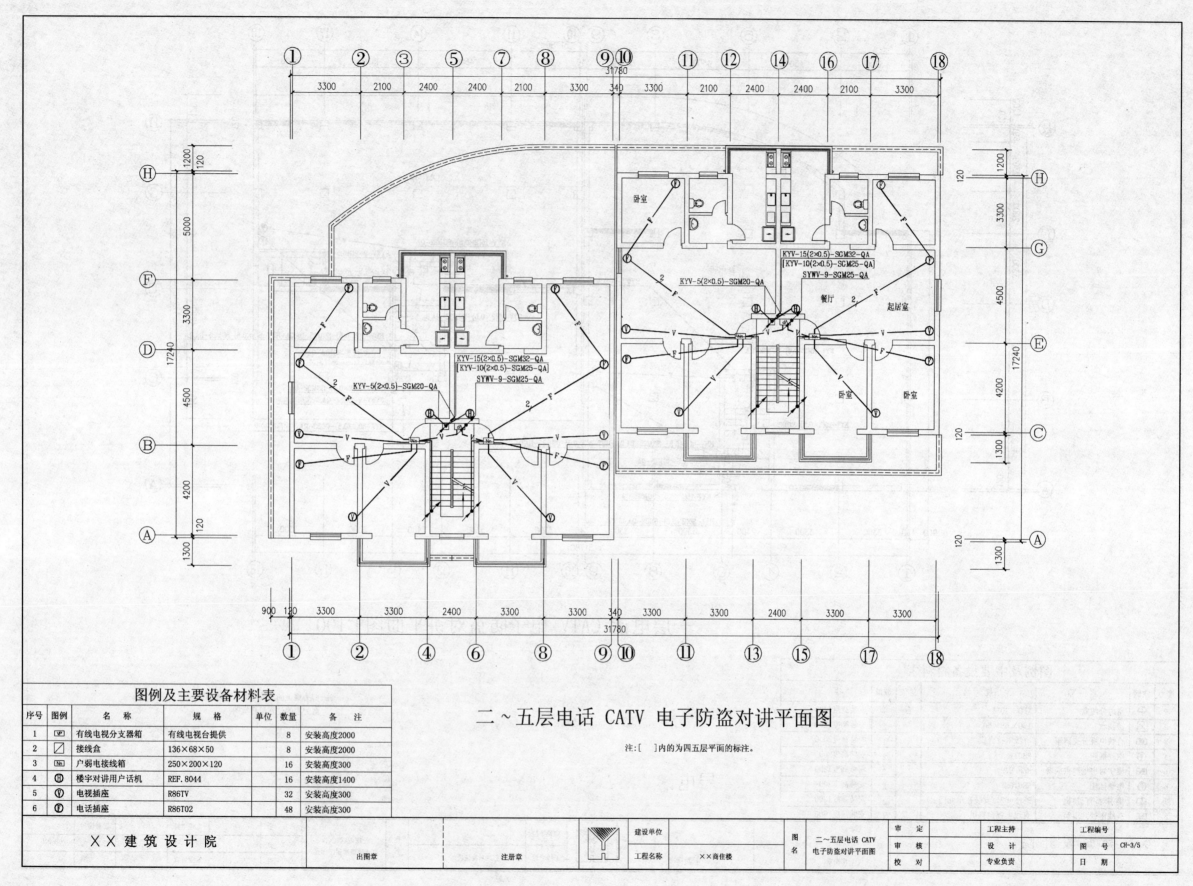

二～五层电话 CATV 电子防盗对讲平面图

注:[ ]内的为四五层平面的标注。

图例及主要设备材料表

序号	图例	名 称	规 格	单位	数量	备 注
1		有线电视分支器箱	有线电视台提供		8	安装高度2000
2		接线盒	136×68×50		8	安装高度2000
3		户弱电接线箱	250×200×120		16	安装高度300
4		楼宇对讲用户话机	REF.8044		16	安装高度1400
5		电视插座	R86TV		32	安装高度300
6		电话插座	R86T02		48	安装高度300

××建筑设计院			建设单位		图名	二～五层电话 CATV 电子防盗对讲平面图	审 定		工程主持		工程编号	
	出图章	注册章	工程名称	××商住楼			审 核		设 计		图 号	CH-3/5
							校 对		专业负责		日 期	

104

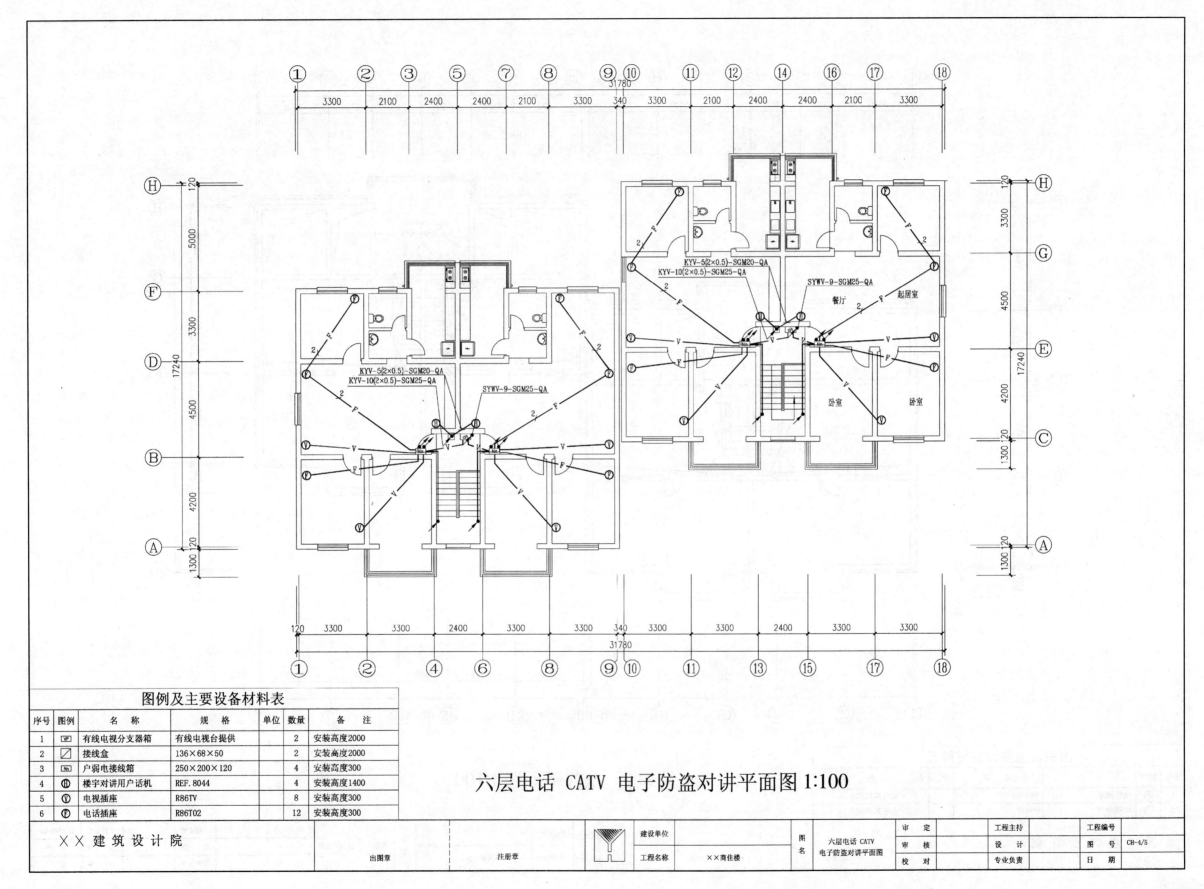

六层电话 CATV 电子防盗对讲平面图 1:100

图例及主要设备材料表

序号	图例	名　称	规　格	单位	数量	备　注
1		有线电视分支器箱	有线电视台提供		2	安装高度2000
2		接线盒	136×68×50		2	安装高度2000
3		户弱电接线箱	250×200×120		4	安装高度300
4		楼宇对讲用户话机	REF.8044		4	安装高度1400
5		电视插座	R86TV		8	安装高度300
6		电话插座	R86T02		12	安装高度300

××建筑设计院

出图章	注册章		建设单位		图名	六层电话 CATV 电子防盗对讲平面图	审　定		工程主持		工程编号	
			工程名称	××商住楼			审　核		设　计		图　号	CH-4/5
							校　对		专业负责		日　期	

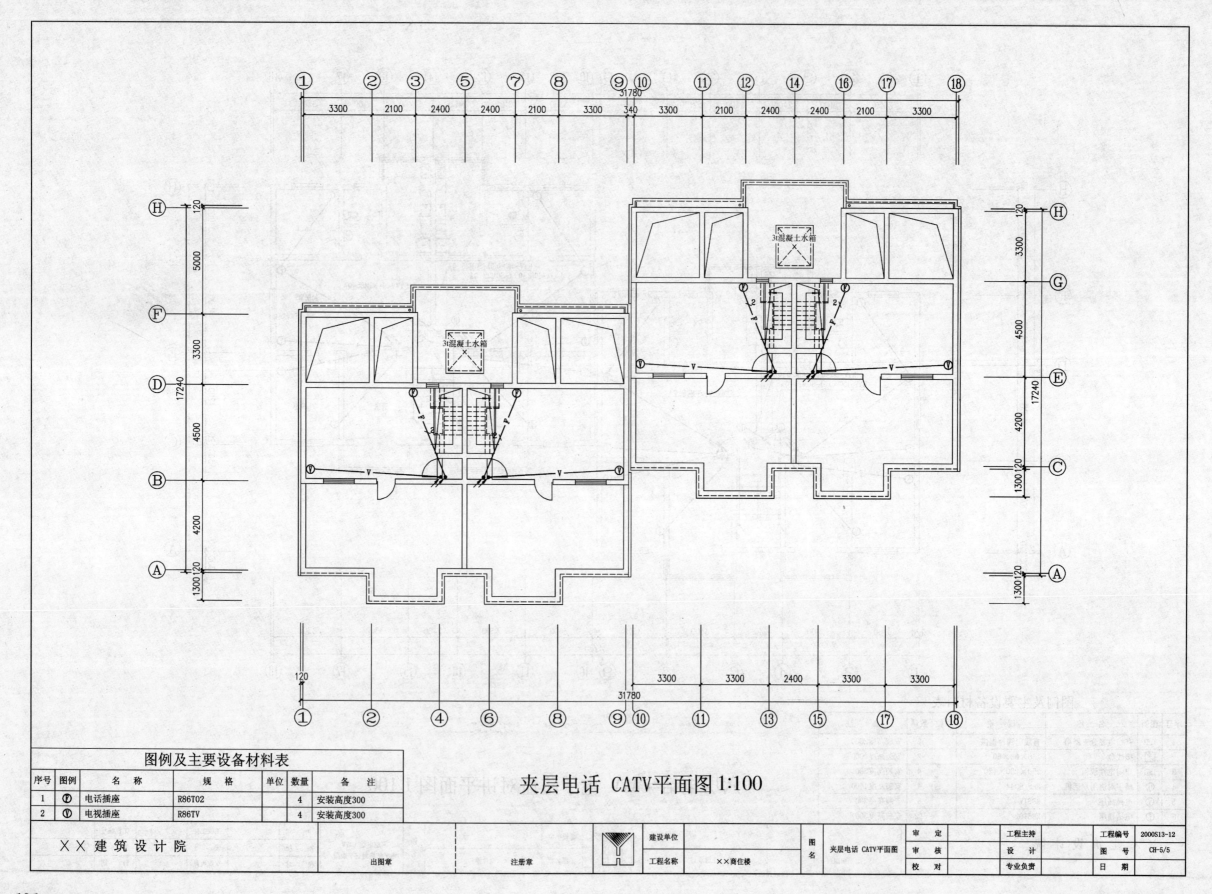

夹层电话 CATV平面图 1:100

序号	图例	名称	规格	单位	数量	备注
1	ⓉP	电话插座	R86T02		4	安装高度300
2	ⓉV	电视插座	R86TV		4	安装高度300

图例及主要设备材料表

××建筑设计院

					审 定		工程主持		工程编号	2000S13-12
建设单位			图名	夹层电话 CATV平面图	审 核		设 计		图 号	CH-5/5
工程名称	××商住楼				校 对		专业负责		日 期	

出图章 注册章